JN088076

アジャイルなチームをつくる

ふりかえり

ガイドブック

始め方・ふりかえりの型
手法・マインドセット

森 一樹 [著]
Mori Kazuki

A Retrospective Guide
to Building Agile Teams

SE
SHOEISHA

この本はどんな本だろう？

　ふりかえりは、チーム全員で定期的に立ち止まり、チームがより良いやり方を見つけるために話し合いをして、チームの行動を少しずつ変えていく活動です。ふりかえりは、チームを次のような状態へと導きます。

> コミュニケーションが活発になり、情報の透明性が高まる
> 問題が迅速に共有され、自然と解決に向かう
> チームに必要な知識を積極的に学び、吸収できるようになる
> 自律的に考え、行動できるようになる

　本書は、**ふりかえりをこれから始めようとしている人や、ふりかえりに関する悩みを持つ人のための本**です。このような方に向けて、

- ふりかえりをやる理由・目的
- 導入〜定着までの道のり
- 具体的な手法
- よくある悩みへの回答

を書きました。本書を通じてふりかえりを実践していけば、少しずつ上記の特性を持つ「アジャイルなチーム」をつくり上げていけるでしょう。

　私たちは市場の変化が激しい環境にいます。この環境下では「アジャイルなチーム」が大きな価値を生み出せます。ふりかえりを積み重ねて、良いチームをつくり上げていくことが、組織にとっても価値があることなのです。

ふりかえりの探求のガイドとして

　ふりかえりをいざ始めようとしたとき、次のような問題に直面します。

> どう進めたらよいかわからない
> チームメンバーが乗り気でない、価値を感じていない
> マンネリ化して、続かなくなってしまう

ふりかえりは、チームで継続的に実践してこそ、大きな効果を発揮します。しかし、これらの問題により、導入〜定着するまでの道のりは険しく困難です。

　多数のWebサイトや書籍でふりかえりの手法が紹介されていますが、手法を現場に適用するだけでは「どうやって始めれば良いのか」「どう定着させていくか」という疑問を解消できません。導入〜定着までに至った現場からは「ふりかえりは大事だ」と叫ばれている一方、初めてふりかえりに触れる人たちが「大事だ」と感じるまでの道のりは整備されていません。その道は自分たちで探求していくしかないのです。

　この探求の道では、**意義を全員で考える**ことが重要です。ふりかえりを知らない人や慣れていない人にとって、ふりかえりの意義・価値は直観的には理解しにくいものです。チームは常に変化し続けるため、ふりかえりの意義が今のチームに沿わなければ、すぐに形骸化し、マンネリ化していきます。常に「私たちに必要なふりかえりはどんなものか」を考え続け、ふりかえりのやり方をチームの現状に合わせて適応させ続ける必要があるのです。

　また、探求の道では、**実験する**ことも欠かせません。初めての取り組みだからうまく進められない、効果が現れないこともあるでしょう。そこで「うまくできなかった、効果がなかった」と考えてしまうと、ふりかえりの活動自体が止まってしまいます。小さく、根気強く色々な実験を繰り返すうちに、少しずつ効果を実感できるようになるのです。

　本書は、そんな**ふりかえりを探求する道へのガイド**です。本書を通じてふりかえりの意義を考えるきっかけになったり、実験してみたい新たな考え方に出会えたりするでしょう。

　そして本書は、ふりかえりの広い世界を知るための手がかりにもなります。今も多くの現場で、ワクワクするような取り組みが生み出され、実践されています。本書を足がかりにして、自分の手で世の中にあふれるさまざまな情報にアクセスし、ふりかえりの世界観を広げていけるようになります。

　ふりかえりは楽しく奥深い活動です。決してつらく苦しい活動ではありません。あなたのチームに活力を与え、「アジャイルなチーム」へと導いてくれます。

　さぁ、ここから「ふりかえりの世界」を広げていきましょう。

第1部　基礎編

Chapter 01
ふりかえりって何?　　　　　　　　　　　　　1

Chapter 02
ふりかえりを見てみよう　　　　　　　　17

CONTENTS

第2部 実践編

Chapter 03
ふりかえりを始めるまで 43

CONTENTS

第3部 手法編

CONTENTS

Chapter 09
ふりかえりの要素と問い　245

Chapter 10
ふりかえりの手法の組み合わせ　259

第4部 TIPS編

CONTENTS

この本の読み方

本書では、ふりかえりの基礎的な知識から、あなたの現場でうまく進めるために必要な考え方やマインドセット、そしてふりかえりを拡張してくれる20の手法を説明します。これらの情報を4部構成でまとめています。

第1部 基礎編 ふりかえりの目的や進め方など、全体像をつかむ

第2部 実践編 ふりかえりを導入するまでの実際の例と、
詳しい実践方法を知る

第3部 手法編 ふりかえりの手法とその活用方法を知る

第4部 TIPS編 ふりかえりに関するよくある悩みへの回答を知る

第1部 基礎編では、「ふりかえりとは何か」を簡単に説明します。チームの目指す姿とは何か、そしてどんな目的でするのか。また、進め方のイメージを持っていただくために、実際のふりかえりの一例を紹介します。

第2部 実践編では、現場でどのようにふりかえりを導入し、定着させていくかを知るために、架空の開発現場を使って説明していきます。ふりかえりの導入〜定着までに起こりがちな悩みをマンガ形式で紹介し、その悩みをどうやって乗り越えていくのかを解説しています。

第3部 手法編では、ふりかえりをするための手法を20個紹介するほか、手法の組み合わせの例や、ふりかえりの要素についても説明しています。手法の目的や進め方を、検索しやすい形で紹介しています。あなたの現場でふりかえりをするときに、辞書的に活用できるでしょう。

第4部 TIPS編では、基礎編・実践編・手法編では扱わなかった、ふりかえりによくある悩みと、細かなTIPSを紹介しています。ふりかえりに困ったときに参照すると良いでしょう。

これからふりかえりを始めようと思っている人や、ふりかえりに関する悩みを抱えている人は、ふりかえりへの理解を深めるためにも、**第1部 基礎編**から順に

読んでみてください。

　すでにふりかえりを実践していて、さらに幅広い知識を得たい人は、**第3部 手法編**または**第4部 TIPS編**から読み始めて、チームでやってみたい手法を探しても良いでしょう。ただし、**第1部 基礎編**と**第2部 実践編**には、ふりかえりに慣れている人にも役立つ考え方やマインドセットが盛り込まれています。現場で悩みが発生したら、これらに立ち戻って、チームメンバーと一緒に悩みに向き合っていくと良いでしょう。

この本の対象範囲

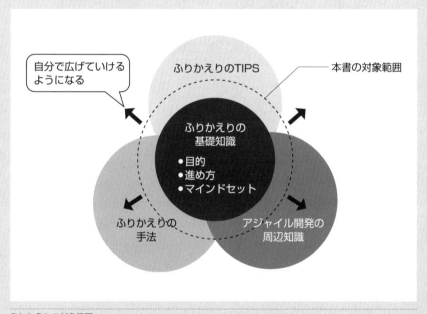

ふりかえりの対象範囲

　本書では、ふりかえりの基礎知識を学べます。これは、あなたのチームでふりかえりを導入し、定着させるために必要な知識です。また、ふりかえりに関する悩みへのアプローチ方法や、組織にふりかえりの考え方を広げていくためのヒントも得られます。これらの知識は、あなたのチームを「アジャイルなチーム」へと近づける一歩目の手助けをしてくれるはずです。

また、ふりかえりの基礎知識の周辺にある「ふりかえりの手法」「ふりかえりのTIPS」「アジャイル開発の周辺知識」との関連も学べます。これらの情報を足がかりに、世の中にあふれる手法やTIPSにアクセスし、ふりかえりの世界をさらに広げていけるでしょう。

本書を通じて、あなたがふりかえりを探求する道を歩むための準備が整います。ふりかえりの実践をしながら本書に立ち戻れば、ふりかえりへの理解をより深めていくことができます。別の分野の知識・スキルをふりかえりに活かすこともできますし、逆にふりかえりの知識・スキルを別の分野に活かすこともできるでしょう。

ふりかえりチートシート

ふりかえりチートシート p.320 のPDFを、以下のWebサイトからダウンロードできます。

https://www.shoeisha.co.jp/book/download/9784798168814

最後に一言

ふりかえりは、チームや組織を少しずつ良い方向へと変えるきっかけになります。けれど、ふりかえりがうまくいかなかった経験によって、ふりかえりの効果に気づくことなく、その活動の芽が途絶えてしまった現場や、現状を変えることができずに苦しみ続けている現場もたくさんあります。そうした現場で実際に起こっている問題へのアプローチ方法や、最初に知ることでチームの変化を加速させてくれる考え方を、本書にはたくさん詰め込んでいます。本書を手に取っていただいたあなたなら、本書と自身の強い想いがあれば、きっと、ふりかえりをチームや組織に根付かせるための最初の一歩を踏み出せると信じています。

本書の知識を使うときには、あなたの立場や現場の特性によって、あなたの取りうる選択肢が変わってくるでしょう。ここに書かれていることを何も考えずそのまま使うのではなく、自分の現場に合わせてカスタマイズして実践してみてください。

それでは、ともにふりかえりを学んでいきましょう。

ふりかえりを探求する道へ、ようこそ！

Chapter 01

ふりかえりって
何？

ふりかえりとは？
アジャイルなチーム
ふりかえりの目的と段階
ふりかえりに必要なもの

ふりかえりとは？

　ふりかえりは、チーム全員で立ち止まり、チームがより良いやり方を見つけるために話し合いをして、チームの行動を少しずつ変えていく活動です（図1.1）。毎週や隔週など定期的に、毎回同じ時間にチーム全員で集まって行います。チームにとって今より良いやり方がないかを話し合い、やり方をカイゼン※1するためのアクションを検討していきます。

図 1.1　ふりかえりの全体像

　ふりかえりは、以下の7つのステップに沿って行います。

※1　トヨタ生産方式を源流とした、チームやプロセスの継続的な改善活動のこと。本書では、悪い部分だけでなく、良い部分を含めて、継続的に改善を加えていく活動のことを**カイゼン**と定義して使っていきます。

ステップ ①　ふりかえりの事前準備をする

ステップ ②　ふりかえりの場を作る

ステップ ③　出来事を思い出す

ステップ ④　アイデアを出し合う

ステップ ⑤　アクションを決める

ステップ ⑥　ふりかえりをカイゼンする

ステップ ⑦　アクションを実行する

　ふりかえりは、ホワイトボード、模造紙、付箋、ペン、ドットシールなどを使って進めていきます。ふりかえりの流れを簡単に見ていきましょう（ここでは簡潔に概要のみを説明します。詳細は 第4章「ふりかえりの進め方」 p.85 で取り上げます）。

① ふりかえりの事前準備をする

　ふりかえりを始める前に準備をします。今回のふりかえりの目的や構成を検討し、場所を用意し、道具を準備して、ふりかえりを始められるようにします。

② ふりかえりの場を作る

　チーム全員で集まってふりかえりを始めます。

　アイスブレイクを含めた場作りを行って、チーム全員がふりかえりに集中できるようにします。そして、ふりかえりのテーマを決定します。テーマは「チームの抱えている問題を共有したい」「開発〜リリースまでのプロセスをカイゼンしたい」といった内容です。

　そして、テーマに沿ってどのようにふりかえりを進めていくか、限られた時間の中でどんな話し合いをするかを全員で決めます。

③ 出来事を思い出す

　ふりかえりの対象期間（1週間など）の中で「どんなことが起こったのか」「どんなことをしたか」「どんなふうに感じたのか」といった出来事や感情を思い出し、チームで共有します。たとえば、付箋に思い出した内容を書き、ホワイトボードに付箋を貼り付けながら共有していきます（図1.2）。

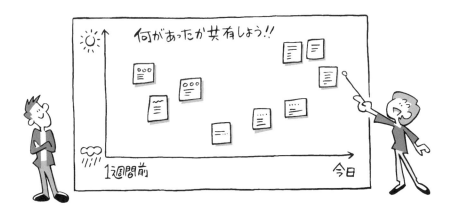

図 1.2　思い出した内容を付箋に書いてホワイトボードに貼っていく

④ アイデアを出し合う

　共有した出来事を土台に、テーマに沿ってアイデアを出し合います。「今より良いやり方はないか」「チームの行動をどのように変えていくか」といった内容を話し合い、意見を出していきます。

　たとえば、「新しいリモートワーク用ツールを使い始めたが、使い方がバラバラでうまく使いこなせていないので、新しい使い方のアイデアを考える」「チームでの情報共有がうまくいっておらず、手戻りが発生しているので、何ができるかアイデアを考える」といったテーマで、アイデアを検討していきます。こちらも、付箋で書いたアイデアをホワイトボードに貼り付けて共有します。

⑤ アクションを決める

　アイデアの中からチームで実行するアクションを決め、具体化します。「いつ何をするのか」を付箋やホワイトボードにまとめます。

⑥ ふりかえりをカイゼンする

　ふりかえりの最後に、ふりかえりそのものをより良い活動へとするためのアイデアを出し合います。時間を効果的に使うためのアイデアを考えたり、ふりかえりの中での意見交換の方法を話し合ったり、次回取り上げたいテーマ、次回使ってみたい手法など、さまざまな内容を話し合います。出したアイデアは次回のふりかえりで活用します。

　これで、ふりかえりは完了です。

⑦ アクションを実行する

　次のふりかえりまでに、ふりかえりで決めたアクションを実行します。実行に移せた場合は、実行により起こった変化や結果を遅くとも次回のふりかえりまでに確認します。実行に移せなかった場合は、その理由を特定して、必要に応じてアクションを作り直します。

　これらの一連の流れを、毎回繰り返し行います。アクションがチームに変化をもたらしてくれますし、ふりかえりそのものをカイゼンしていけば、チームの変化のスピードをより加速させていくことができます。

　このようにふりかえりを実践し続けると、チームは「アジャイルなチーム」へと近づいていきます。それでは、チームの目指す姿の1つである「アジャイルなチーム」とは何でしょうか。次のページで詳しく見ていきましょう。

アジャイルなチーム

アジャイル（Agile）は、「俊敏な」「素早い」といった意味を持つ英単語であり、それに紐づく価値観を表します。主にソフトウェア開発において、アジャイルな価値観に基づく「アジャイル開発」のフレームワークやプラクティスが取り入れられるようになってきています。

アジャイル開発は、Kent Beckらによって2001年に**アジャイルソフトウェア開発宣言**として提唱されました。当時から今に至るまで、徐々にビジネスの変化は激しくなっていき、アジャイル開発の重要性が叫ばれ続けてきました。そして現在、日本の多くの企業でもアジャイル開発に関心を向け始めるようになっています。

ここで、アジャイルソフトウェア開発宣言について簡単に触れておきます。まずは、アジャイルソフトウェア開発宣言※2を読んでみましょう（図1.3）。

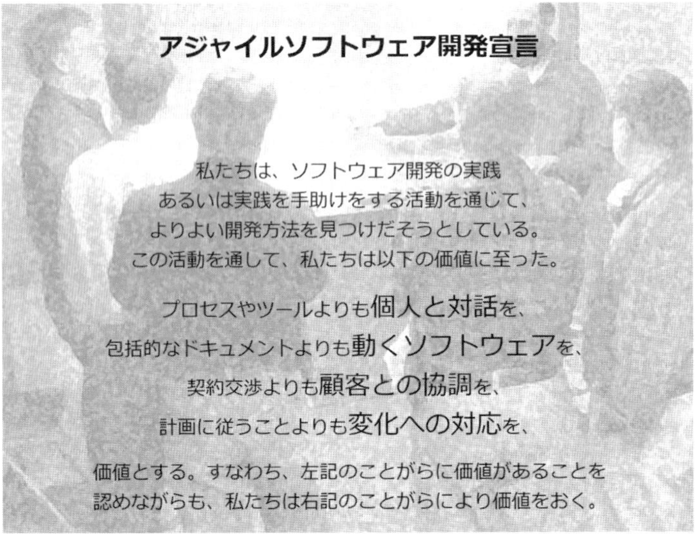

アジャイルソフトウェア開発宣言

私たちは、ソフトウェア開発の実践
あるいは実践を手助けをする活動を通じて、
よりよい開発方法を見つけだそうとしている。
この活動を通して、私たちは以下の価値に至った。

プロセスやツールよりも**個人と対話**を、
包括的なドキュメントよりも**動くソフトウェア**を、
契約交渉よりも**顧客との協調**を、
計画に従うことよりも**変化への対応**を、

価値とする。すなわち、左記のことがらに価値があることを
認めながらも、私たちは右記のことがらにより価値をおく。

図1.3 アジャイルソフトウェア開発宣言

※2 https://agilemanifesto.org/iso/ja/manifesto.html

チームにとってまず着目すべきポイントは、「**個人と対話を**」「**顧客との協調を**」「**変化への対応を**」の部分です。チームにとってコミュニケーションは欠かせないものです。コミュニケーションは相互理解を促進し、チーム内外での繋がりを強くします。繋がりの強いチームは、チームに必要な情報を素早く集め、共有し、協調して動きやすい態勢が整っているため、変化が起こっても全員で柔軟に対応していくことができます。変化に強いチームは、チーム全員で学び続け、自分たちのコミュニケーション（対話）やコラボレーション（協調）を見直し、カイゼンし続けることによって生み出されていきます。

そして、もう1つが「**動くソフトウェアを**」※3の部分です。これは、実際に動作するプロダクトを使って仮説検証を繰り返すことです。プロダクトを継続的に作り出し、大きな価値を生み出していくためには、仮説検証の結果から学び、チームの価値を生み出すプロセスを見直し、カイゼンし続けることが必要不可欠です。

本書では、「**学び、カイゼンし続けることで、変化に柔軟に対応でき、大きな価値を生み出し続けられるチーム**」を**アジャイルなチーム**と呼び、チームが目指す姿の1つとして定義します。

もし、あなたがアジャイル開発とは関係ない仕事をしていたとしても、上述の価値観や考え方を通じ、実現していこうとすることはできます。このアジャイルなチームへと変化するための一歩目を支えるのが「ふりかえり」です。

※3　ソフトウェア開発以外に従事している方は、仕事で作り上げている製品を想像してください。実際に使用できたり、顧客が使っている姿を想像できたりする、仮説検証可能な製品を「動くソフトウェア」と置き換えてお読みください。

ふりかえりの目的と段階

　本書で紹介する「ふりかえり」の目的は、チームを「アジャイルなチーム」へと近づけていくことです。ふりかえりを繰り返すことで、チームは以下のような特性を身に着けていきます。

- コミュニケーションが活発になり、情報の透明性が高まる
- 問題が迅速に共有され、チーム内で解決へと向かっていける
- 価値を生み出すプロセスを自分たちで見直し、カイゼンしていける
- チームに必要な知識を積極的に学び、吸収していける
- 自律的に考え、行動できる

　ただし、漫然とふりかえりを行うだけでは、これらの特性を獲得するまでに長い時間が必要です。意識的に、効果的にふりかえりをしていけば、チームの変化のスピードを加速させることが可能です。

　ふりかえりには、チームを強くしていくための3つの段階が存在します。チームの状況や状態を把握したうえで、必要な段階に沿ったふりかえりを実践しましょう。

① 立ち止まる
② チームの成長を加速させる
③ プロセスをカイゼンする

　これらは「ふりかえりを何のためにするのかという目的」でもあり、「ふりかえりで何をするのかという段階」でもあります（図1.4）。これらの目的と段階について、1つずつ説明していきます。

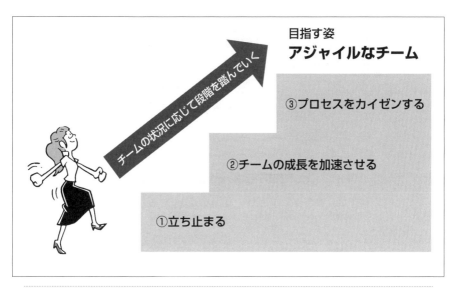

図1.4　ふりかえりの3つの目的と3つの段階

立ち止まる

　ふりかえりの1段階目は「立ち止まる」です。立ち止まることで、チームの変化のきっかけを作ります。

　チームは仕事を進めていく中でさまざまな問題や障害にぶつかります。問題が発生したとき、問題の渦中にいたまま解決に向かおうとすると、心と時間の余裕がないときほど、場当たり的な対応になりがちです。あわてて作業を行った結果、被害をより拡大させてしまうこともあります。

　また、余裕がないまま仕事を続けていると、チーム一人ひとりの視野は徐々に狭くなっていきます。周りのことを気にかけられなくなり、自分一人のことだけにのめり込んでいきます。そして、チーム内でのコミュニケーションが希薄になり、それが新たな問題を誘発させます。メンバーと会話していればすぐに解決できたはずの問題も、全貌が見えないまま抱え込んでしまい、一人でつらく長い時間を費やしてしまうこともあるでしょう。

　この流れを断ち切るために、一度立ち止まりましょう。作業から離れ、一呼吸おいて、「私たちが今何をすべきか」を考えます。この立ち止まる時間がふりかえり

です。

　問題のある状況で、自ら立ち止まるのは難しいものです。だからこそ、定期的に立ち止まる時間をチームのプロセスの中に組み込んで習慣化します。自分たちが意識せずとも、強制的に立ち止まれる時間を設けます。チーム全員で定期的に、同じ曜日に、同じ時間に集まって話し合いをします。そうして、ふりかえりをチームのプロセスとして定着できたら、次の段階へと進みます。

チームの成長を加速させる

　チームが高いパフォーマンスを出すためには「コミュニケーション」と「コラボレーション」が欠かせません。高い成果を出し続けられるチームは、日々の仕事中にコミュニケーション（会話や議論や情報共有）とコラボレーション（協調作業）を自然に行っています。朝会やふりかえりなどの会議やイベントがあって初めて情報共有や協調作業をするのではなく、毎時・毎分・毎秒という高い頻度で必要十分なコミュニケーションとコラボレーションを取っています。このような状態へとチームを促進し、チームの成長を加速させることがふりかえりの2段階目であり、2つ目の目的です。

　この段階では、ふりかえりの時間をうまく使って、チームが互いのことを知り、より良いコミュニケーションとコラボレーションの方法はないかを模索します。

　たとえば、

- チームの困ったことや問題を即時に共有するためにはどうしたら良いか
- 要件の認識齟齬をなくすためにはどのような内容を伝えるといいか
- 足りないスキルを補い合うために何ができるか

といった内容を検討します。また、互いのことをまだ十分にわかり合えていないのであれば、価値観を共有するワークを行うのも良いでしょう。互いの信頼関係を高めるため、感謝を伝え合ったり、抱えている不安を開示し合ったりするのも効果的です。

　ふりかえりの中で信頼関係を高める活動を織り交ぜることにより、ふりかえり以外の場でコミュニケーションとコラボレーションが発生するようになります。ふり

かえり以外の場でも問題や悩みが自然と共有され、すぐに解決されるような状態が徐々に形成されていきます。チームがより前に進んでいくための土台作りとして、「チームの成長を加速させる」ことを意識してふりかえりの時間を有意義に使いましょう。こうして、バラバラだったチームが「チームとして」成長していけるようになります。

プロセスをカイゼンする

「プロセス」はチームの動き方や開発の進め方といった、チームが価値を生み出す一連の活動を指します。そして、「カイゼン」はうまくいっていない部分や問題の解決に加え、うまくいっている部分をより強化していく活動を指します。

「プロセスのカイゼン」が「チームの成長を加速させる」よりも後の段階になっているのには理由があります。チームの信頼関係を十分に構築できていない状態でプロセスを変えようとすると、問題発生時に原因責任の追及が行われ、原因を作り出した人の心理的・肉体的負荷を高めることになりがちです。こうした行為はチームの分断を強めるほか、一度追及を受けた人は問題を隠すようになってしまいます。

チームの信頼関係が高まっている状態であれば、「チームとしてのアクション」へと考え方がシフトしやすくなります。チームがメンバーのことをフォローし、チーム全員で前へ向かっていく意識を持ちましょう。そうすれば、チームのためを考えて、チームのパフォーマンスを上げるアクションを検討できるようになります。

チームのプロセスを変えるときには、「チームが価値をどのように生み出しているのか」「仕事をどのように進めているのか」に着目してアイデアを出し合いながら、変更する箇所と内容を話し合っていきます。

このとき、変えるプロセスは「小さく、少しずつ」が鉄則です。プロセス変更後にうまくいくかどうかは誰にもわかりません。どんなアクションが効果的かは、チームの特性や、チームの状況や状態によっても異なります。大きな変更はうまくいかなかったときの影響が大きく、戻すことも困難になります。小さな変更であればすぐに戻せます。そのため、「変える範囲は小さく」が重要です。

ふりかえりに必要なもの

　ふりかえりをイメージしやすくするために、ふりかえりに必要なものと、それが
どうふりかえりに関わるのかを紹介していきます。

　ふりかえりをするために、事前に確認と準備をしておくべきものがいくつかあり
ます。準備ができていれば、ふりかえりでより高い効果を得ることができます。時
間や手間はそれほどかかりませんので、必要なものを確認し、準備したうえで、ふ
りかえりに臨むようにしてください。必要なものは以下の7つです。

- チーム
- 目的の決定
- スケジュール
- 時間
- 場所
- 道具
- ファシリテーション

チーム

　ふりかえりには、チームメンバーの参加が必須です。全員が集まれなくとも、で
きるだけ多くのメンバーが集まれるよう調整します。

　また、必要に応じて、チームの関係者を呼び、意見を聞くのも良いでしょう。

　ふりかえりの参加人数は最大でも10名程度が望ましいです。人数が多すぎると、
十分に意見を言えなかったり、情報の共有が不足したりするほか、意見が発散しす
ぎてファシリテーションが難しくなります。とくに、オンライン環境では、話の切
り替えがスムーズに行えなかったり、全員入り混じっての会話が起こりにくかった
りして、6人以上だとコミュニケーションが取りづらくなります。オフライン・オ
ンラインともに、人数が多い場合には、グループを分割してグループごとにふりか

えりをして、結果を共有するなど、ファシリテーションに工夫が必要です※4。

目的の決定

「何のためにふりかえりをするのか」を事前にまたはふりかえりの開始時に決定します。チーム全員で目的に沿った話し合いができれば、ふりかえりの効果をより高められます。

スケジュール

いつふりかえりをするのか、というスケジュールをあらかじめ決めておきましょう。毎回同じ時間に、同じ場所で、同じメンバーが集まって行う、ということを事前に合意しておけば、毎回のスケジュール調整は不要です。また、「毎週この時間にやる」といった具合にリズムを作ることで、定期的かつ強制的に立ち止まる機会を得られます。立ち止まることによって、継続的なカイゼンの実施と、問題を早期検知する仕組みとして機能するようになるでしょう。

時間

ふりかえりをこれから導入する場合には、少人数で、少し長めの時間を取って行うようにすると良いでしょう。

基本的に人数が多ければ多いほど、ふりかえりには時間が必要になります。人数が多いと意見の共有やアクションの決定に時間がかかるためです。また、ふりかえりの対象期間が長くなるほど、思い出しに時間がかかるため、ふりかえりに必要な時間が増え、ふりかえりのファシリテーションも難しくなっていきます。

ふりかえりに確保した時間が不十分だと、情報共有や意見の深堀りが足りなくなるほか、アクションが具体的にならず、カイゼンが行われにくくなります。

ふりかえりを効果的に行うために必要な時間は、ふりかえりの対象期間や人数によって異なります。詳細は表1.1を参考にしてください。なお、慣れないうちは、

※4　人数が多い場合の工夫は、第11章「ふりかえりに関する悩み」の「ふりかえりの開催に関する悩み」p.273 で詳しく説明しています。

この表の1.2 ～ 1.5倍程度の時間がかかります。長めに時間を設定しておき、慣れ
てきたら次第に時間を短くしていくと良いでしょう。

対象期間	人数	時間	対象期間	人数	時間
1週間	3～4人	45～60分	2週間	3～4人	45～60分
	5～9人	60～90分		5～9人	90～120分
	10～15人	90～120分		10～15人	120～150分

表 1.1　ふりかえりの対象期間と人数別に必要な時間（※時間は著者の経験による目安）

場所

　ふりかえりをするための場所を用意します。会議室やフリースペースなど、どこ
でもかまいませんが、壁やホワイトボードなどに付箋が貼り付けられる、全員が動
きやすい場所を選びましょう。もしオンライン環境でふりかえりを行う場合は、音
声会話ができるツールを使います※5。

道具

　ふりかえりでは、さまざまな道具を活用します。道具はオフィスで手に入れやす
いものばかりです。最初は付箋、ペン、ホワイトボードがあれば、ふりかえりを始
められます。ふりかえり用の道具箱を作って、まとめておくと持ち運びに便利です
（図1.5）。
　オンライン環境でふりかえりをする場合は、オンラインのホワイトボードツール
や、共同編集可能なエディターなどを準備しておきます※5。

※5　オンラインでのふりかえりに関するツールは、第5章「オンラインでふりかえりをするために」
　　　p.123　で詳しく説明しています。

図1.5　持ち歩ける道具箱を準備すると便利

ファシリテーション

　ふりかえりを円滑に進めるためには、ファシリテーションが必要です。一般的に想像されがちな「司会進行」という意味ではなく、**チームの意見やアイデアを引き出し、発想を広げたり、アイデアを収束させたりする**という意味でのファシリテーションです。参加者全員がファシリテーションをするという意識を持ってふりかえりに臨みましょう。全員が互いのことを思いやりながら、意見を交換していきます。そうすることで、ふりかえりはより効果的な、楽しい場へと変わっていきます※6。

※6　ファシリテーションは、第7章「ふりかえりのファシリテーション」 p.143 　で詳しく説明しています。

FURIKAERI column

なぜ「ふりかえり」なのか

　本書では、「ふりかえり」というひらがなの表記を意図的に使っています。「振り返り」と表記しているWebサイトも多くあるので、そちらを見たことがある人も多いのではないでしょうか。

　「振り返り」という言葉からは「後ろを振り向く」という動作を連想する人もいます。また、「振り返り」が「反省会」のような活動として認知され、定着してしまっている現場も多いのです。このイメージを払拭したい、という思いもあり、**やわらかい印象**を与えてくれるひらがなの表記を使っています。

　ふりかえりは、業界・業種・現場によってさまざまな呼び名で呼ばれています。カタカナや英語の呼び名もあり、専門的な難しい活動だと思われてしまうことも少なくありません。しかし、ふりかえりは**誰でもできる活動だということを知っていただきたい**という思いから、「ふりかえり」と表記するようにしています。

Chapter 02

ふりかえりを
見てみよう

ふりかえりの流れ
    ①ふりかえりの事前準備をする
    ②ふりかえりの場を作る
    ③出来事を思い出す
    ④アイデアを出し合う
    ⑤アクションを決める
    ⑥ふりかえりをカイゼンする
    ⑦アクションを実行する
ふりかえりのポイント

ふりかえりの流れ

それでは、実際にふりかえりをどのように進めていくのかを詳しく見ていきましょう。ふりかえりは、7つのステップに沿って進めていきます。

ステップ ①　ふりかえりの事前準備をする

ステップ ②　ふりかえりの場を作る

ステップ ③　出来事を思い出す

ステップ ④　アイデアを出し合う

ステップ ⑤　アクションを決める

ステップ ⑥　ふりかえりをカイゼンする

ステップ ⑦　アクションを実行する

ここからは、ふりかえりがどんなものかを知るために、ふりかえりの様子をマンガで見ながら、ふりかえりの進め方のイメージを固めていきましょう。この章では、あるチームがふりかえりを導入して3か月後の様子を見ていきます。

チームメンバー紹介

リカちゃん
面倒見が良い。チームのことをよく観察している。

エリちゃん
今回のふりかえりのファシリテーター。

ギモンくん
自分の意見はきっちり伝えるタイプ。

リーダーさん
このチームのリーダー。頼りになるしっかりもの。

ヒカリさん
いつだってポジティブ。明るい。

①ふりかえりの事前準備をする

これからふりかえりが始まります。ふりかえりを始める前に、道具や場所の準備を
しておきましょう。

ふりかえりを始める前に、準備はしっかりと

　ふりかえりを効果的に進めるためには、道具や場所のセッティングが必要です。事前に準備をしっかりしておくことで、ふりかえりの時間を最大限に有効活用します。

　ふりかえりで使う会議室や部屋に入ったら、備え付けられているホワイトボードや机を移動し、ふりかえりを行いやすいスペースを作ります。ホワイトボードが壁に埋め込まれている部屋であれば、ホワイトボードの周囲の物を移動し、動きやすいようにスペースを広めに確保すると良いでしょう。そして、全員に見えるように、ホワイトボードに今回のふりかえりの進め方の予定を書いておきます。また、ふりかえりに使う付箋やペンを準備したら、一人ひとりに手渡しておきましょう。

　ふりかえりをスムーズに実践するために、メインとなるファシリテーターを決めておくのも有効です。

　チームの状況や状態によってもふりかえりの目的が変わります。最初に、ふりかえりで話し合うテーマや構成を全員で決めましょう。ふりかえりのテーマや構成も、事前に考えて持ち寄れば、よりスムーズにふりかえりを進行できます。

みんなで準備しよう

　ふりかえりの準備をみんなでしてみましょう。マンガでは、ふりかえりが始まる数分前からみんなで会議室に移動し、会議室のセッティングを行っています。ふりかえりの開始時間にふりかえりを始められるよう、みんなで協力して準備も進められると良いでしょう。

事前にファシリテーターは決めておこう

　今回のファシリテーターはエリちゃんです。道具や場所をセッティングするよりも前に、ふりかえりの進め方やファシリテーターをあらかじめ決めておくと、スムーズにふりかえりを始めることができます。

②ふりかえりの場を作る

ふりかえりを始めましょう。ふりかえりに集中しやすいように全員で「ふりかえりの場」を作りましょう。

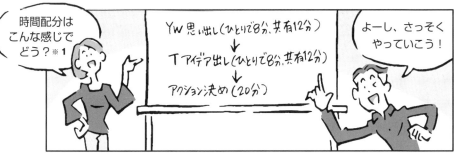

ふりかえりに集中する心の準備を整えよう

　ふりかえりをするために、みんな仕事を中断しています。仕事が気になってしまってふりかえりの最中に上の空、ということもありますよね。

　そんなことを起こさずに、全員がふりかえりに集中するために、最初に全員で意見を出し合ってテーマを決め、「ふりかえりを全員で作り上げる」意識を醸成します。ふりかえりで話し合うテーマは事前に決めておいたものがあれば持ち寄り、チーム全員で話し合って決めます。今のチームにとっての関心ごとや、学びと気づき、問題などを挙げてみて、テーマを決めていきます。たとえば、

- 開発の進め方を見直したい
- 開発の品質を上げるためにどうすれば良いか考えたい
- 打ち合わせを効率化したい

などです。

ふりかえりの進め方を全員で決定しよう

　ふりかえりの進め方や時間配分を具体化してゴールを示します。進め方は、ふりかえりのテーマによって変わります。個人で思い出しやアイデア出しを行う時間と、チーム全員で共有する時間を使い分けて時間を設定しましょう。

※1　ここではYWTという手法を使おうとしています。Y（やったこと）、W（わかったこと）、T（次にやること）の3つの質問でふりかえる手法です。YWTは、第8章「ふりかえりの手法を知る」の「12 YWT」 p.204 で詳しく紹介しています。

③出来事を思い出す

ふりかえりの対象期間に、どんな活動をしたか、どんなことが起こったかを思い出して、チームで共有します。共有と一緒に分析も行っていきます。

チームの活動を思い出して共有しよう

ふりかえりの対象期間（1週間など）の中で、

- どんなことが起こったのか
- どんなことをしたか
- どんなふうに感じたのか

といった出来事を思い出します。基本的には「時系列データ」「事実」「感情」の3つを集めて分析していきます。時系列データと事実は、チームの一人ひとりが何をやっていたのかを共有するために役立つだけでなく、他人の書いた付箋がきっかけに、自分一人では忘れてしまっていた出来事も思い出すことができます。そして、物事の因果関係を明らかにするとカイゼンしたいポイントを見つけ出しやすくなります。

また、感情を表現することで、強い感情から記憶が呼び起こされやすくなり、チームでアクションを作るモチベーションに繋がりやすくなります。

一人で思い出す時間と、全員で共有する時間を作ろう

思い出すときには、一人で思い出す時間と、チームでその内容を共有する時間を分けます。思い出した内容を共有するときは、会話の中で出てきた情報を可視化しつつ、うまくいった部分とうまくいかなかった部分の要因を掘り下げていきます。カイゼンのためのアイデアに繋がりそうなものは、印をつけてメモしておくと良いでしょう。

④アイデアを出し合う

チーム全員でカイゼンのためのアイデアを出し合います。チームがより成長するために何ができるかを話し合いましょう。

アイデアを出し合って、アクションの候補を決めていこう

「チームが次にすべきこと」「チームで取り組みたいこと」といったアイデアを全員で出し合います。アイデアを考える主語は「チーム」です。「出来事を思い出す」と同様、一人で考える時間と共有する時間を分けてアイデアを出します。

　アイデアを出すときは、発散と収束を使い分けます。最初は自由に意見を出していきながら、チームにとって重要なアイデアを深く掘り下げ、「アクションの候補」としていくつか選びます。ここで決めた「アクションの候補」はまだ候補であって、決定ではありません。次のステップで具体的なアクションに加工していきます。

どんどんアイデアを可視化していこう

　アイデアを話し合っているうちに、新しいアイデアが生まれることはよくあります。生み出されたアイデアは付箋に書いたり、ホワイトボードに書いたりして可視化していきましょう。

　新しい情報を書き足すだけでなく、アイデア同士を線で繋いで関連を表現したり、関連する付箋を移動して近くに貼り付け直したり、丸や記号を付けて強調したり、と話し合いの内容をさまざまな方法で表現していきます。

　こうして可視化された情報が、最後にアクションを決めたり具体化したりするときにとても役に立ちます。

⑤アクションを決める

すぐにカイゼンができるような、実行可能なアクションを作ります。チーム全員で
話し合いながらアクションを具体化していきましょう

アイデアを具体化して、実行可能なアクションを作ろう

チームで実行する**アクション**（カイゼン方法）を決め、具体化していきます。具体化には「すぐに実行可能か」「結果が計測できるか」といった観点を使います。無理に1つのアクションですべてを解決しようとはせず、少しでも良いので変化を生み出せる、実行可能なアクションを作っていきましょう。

アクションをその場で試してみよう

もし時間が残っていれば、作ったアクションをその場で実行してみます。アクションの導入の部分だけでも実行してみるか、アクションを実行する姿を想像してみましょう。アクションを実行した後の変化を想像できれば、ふりかえりの場でアクションを軌道修正できるほか、さらなる具体化もできます。アクションも実行に移しやすくなります。

最後にアクションを書き出そう

作ったアクションは、付箋やカードなどに大きく書き出しておきます。書き出したアクションを最後にみんなで確認すれば、チーム全員でアクションを実行する意識を作り上げられます。もしタスクボードがあるチームであれば、タスクボードに作ったアクションを貼り付け、すぐに実行できるようにしておきましょう。

⑥ふりかえりをカイゼンする

「アクションを作ったら終わり」ではありません。ふりかえりもカイゼンしていきます。ふりかえりの最後に「ふりかえりのふりかえり」をしましょう。

※2　「Fun（楽しいこと）」「Done（できたこと）」「Learn（学び）」の3つの質問でふりかえる手法。第8章「ふりかえりの手法を知る」の「08 Fun／Done／Learn」 p.185　で詳しく説明しています。

※3 「＋（良かったこと）」「△（カイゼンしたいこと）」の2つの質問でアイデアを出す手法。第8章「ふり
かえりの手法を知る」の「20 ＋／△」 p.241 で詳しく説明しています。

ふりかえりをふりかえって、ふりかえりもカイゼンしよう

ふりかえりを終了する前に**ふりかえりのふりかえり**をします。ふりかえりの最後の5分間だけでも良いので、ふりかえりの中でうまくいった点やカイゼンすべき点を話し合います。

「ふりかえりのふりかえり」をしたら、その内容を次回に必ず活かします。そのためには、話し合った内容を残しておいて次回のふりかえりの前に確認するか、具体的なアクションにまで落とし込んですぐに実行しておきます。

ふりかえりの結果を残しておこう

ふりかえりで議論した結果である「アクション」と「ふりかえりのカイゼン内容」は、必ず写真に残したり付箋に書いたりして、すぐに使えるようにしておきましょう。また、議論に使ったホワイトボードなども写真で残しておけば、あとで見返すとチームの変化や成長を確かめられます。

オンラインでふりかえりをしている場合は、前回のふりかえりの情報をそのまま残しておいて、次回のふりかえりの思い出しのデータとして使うこともできます。手間のかからない範囲で、ふりかえりの結果を残し、未来のふりかえりに繋げていきましょう。

⑦アクションを実行する

作ったアクションは実行して初めて価値を生み出します。どのようにアクションを
実施しているのか、チームを見てみましょう。

アクションはすぐに実行して、カイゼンに繋げていこう

ふりかえりで作成したアクションは、可能な限りふりかえり終了後にすぐに実行します。マンガのように、アクションの発生にトリガーが必要な場合は、トリガーが発生したらすぐに動けるよう、朝会でアクションを共有したり、タスクボードに大きく付箋で貼っておいたり、チャットでbotがアクションを促すようにしたりと、アクションを誘発できる仕組みを作ります。

アクションを実行したら、その結果何が変わったのかを確認します。アクションを実行した直後や、朝会などのチームが集まるタイミングで、アクションの結果やチームに起こった変化を共有します。

良い変化や悪い変化が起こった場合と、何も変わらなかった場合のいずれにしても、

- どのような変化が起こったのか
- なぜその変化が起こったのか、起こらなかったのか
- 想定していた変化は起こせたか
- 次はどのようなアクションを起こすと良さそうか

を話し合います。一度実行したアクションを土台にして、アクションそのものをカイゼンしても良いですし、元に戻すという判断をしても良いでしょう。こうして、チームに変化を少しずつ起こしていきます。

ふりかえりを繰り返していこう

ここまで説明したステップ①〜⑦が、ふりかえりの一連の流れです。これらを毎回繰り返して、ふりかえりそのものもカイゼンしながら、良いチームへと近づけていきます。

アクションを積み重ねていくことで、そしてふりかえりをカイゼンしていくことで、チームは加速度的に変化していけるようになるでしょう。

ふりかえりのポイント

基礎編の最後に、ふりかえりで意識すると良いポイントを見ていきましょう。

まずはプラスに目を向ける

　自分やチームの理想が高ければ高いほど、「うまくいかなかった部分」（マイナス）は容易に見つかります。ただ、一度マイナスを見つけるモードに入ると、プラスを見つけることは難しくなります。ふりかえりでは、まずプラスに着目するように心がけましょう。そうすることで、チームの良いところが少しずつ見つかっていき、「どこを伸ばしていけば良いか」という前向きなアイデアを出しやすくなります。

良いところをより伸ばす

　チームの良いところを見つけたら、良いところをより伸ばすアイデアを考えてみましょう。

　チームメンバーや、チーム全員のうまくいった部分をさらに強化できるアクションを検討しましょう。チームが「うまくいった」「できた」と感じたその実感（自己効力感）が、チームにさらなる変化と挑戦を促してくれます。

少しずつ変えていく

　一度に多くの変更を加えてしまうと「何がうまくいったのか」「何がうまくいかなかったのか」がわからなくなってしまいます。また、アクションによって行動を変えるとき、変化が大きければ大きいほど実行に移す心理的なハードルが高くなっていきます。

　小さく、少しずつ変えていき、変化の仕方に慣れていきましょう。変化を味方につければ、チームは自発的に、自信をもってより大きな変化を生み出せるようになります。

失敗を恐れずに

　ふりかえりのアクションは「必ず成功させなければならない」ものではありません。「成功させる」ことを第一に考えて作ったアクションは保守的になります。「既存のチェックリストに1項目追加する」といった「行動をほとんど変容しないアクションを続けていく」保守的なチームでは、いずれ成長の壁にぶつかります。そのとき、失敗を恐れていては壁を乗り越えられません。

　ふりかえりでは失敗をうまく飼いならしましょう。うまくいくかどうかわからないけれど、やってみる。新しいことにチャレンジしてみる。ふりかえりの進め方さも同じです。ふりかえりで新しいことを試し、その結果失敗したとしても、大きな痛手にはなりません。むしろ、チームは成長の機会を得られます。

　もし何かに失敗したとしても、「なにもかもがうまくいかなかった、いいところがまったくなかった」という失敗はほとんどありません。得られた結果のうち、うまくいった部分を拾い上げて、それをさらに広げていきましょう。万が一、何もうまくいかなかったとしても、元に戻せば大丈夫です。そのときでも、失敗から得られるものはたくさんあります。

問題のコアを解決しよう

　うまくいかなかった部分を解決したければ、問題のコア（根源）を解決していきましょう。そのためには、うまくいかなかった要因を掘り下げていく必要があります※4。「どうしてうまくいかなかったのか」を人・関係・プロセス・ツールなどさまざまな観点で眺めてみます。そうすると、いくつもの要因が階層構造で繋がり、見えてきます。バラバラの問題をひもといていくと、1つの同じ要因に繋がることもあります。

　解決すべきは、そうして見えてきた問題のコアです。ただし、コアに近づくほど、問題の解決が容易ではない、多大な労力を要するものになっていきます。問題のコアを解決する際にも、一歩ずつ、少しずつ問題を切り崩していくアプローチをしていきましょう。

※4　要因の掘り下げは、第8章「ふりかえりの手法を知る」の「09 5つのなぜ」 p.189　で詳しく説明しています。

FURIKAERI column

経験学習サイクル

　ふりかえりは、経験を成長に繋げていきます。この経験と成長のモデルを、David A. Kolbは「経験学習サイクル」として提唱しました※。経験学習サイクルは、具体的経験→内省的省察→抽象的概念化→積極的実践の4つを円環として繰り返すサイクルです。ふりかえりの背景にあるこのモデルを理解することで、ふりかえりの理解も深まりやすくなります。

　「具体的経験」は、自分が得た経験です。自分の意思で行ったこと、それにより起こった結果。また、周囲の環境によって受動的に発生した出来事が具体的経験です。

　「内省的省察」では、何を意図してどんなことを行い、その結果、何が生まれたのか（具体的経験）を思い出し、ふりかえります。

　「抽象的概念化」では、ふりかえりの結果とこれまでの経験とが交じり合った、一段階抽象化された「経験則」が生まれます。経験則とは、「こういうときにはこんな傾向がありそうだ」「こういう理由・理論で、こうなっている」などの、自身が経験から見出した法則のことです。

　「積極的実践」では、概念化が進んだことで、次の行動指針やアクション（「次はこうやるとうまくいくかもしれない」「次はこれをやってみよう」など）が決まります。そして、そのアクションを実践して、次の具体的経験へと繋げます。

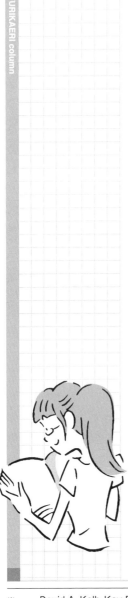

　第2章で紹介したふりかえりの進め方も、この経験学習サイクルに沿ってステップを踏んでいます。ふりかえり、アクションを実行して、アクションの実行結果をまたふりかえる、という活動をしていけば、チームの成長はどんどん加速していきます。チームの得た経験を120%に活かして、前へと進んでいきましょう。

※　David A. Kolb・Kay Peterson：著、中野眞由美：訳『最強の経験学習』(2018・辰巳出版)
ISBN：9784777821822

Chapter 03

ふりかえりを
始めるまで

はじめまして

新しい仕事がこれから始まります。まずは、状況を整理していきましょう。

「これからどういうふうに進めていこう？」

　私の名前は「リカ」。今回、プロダクト開発をやっているチームに途中から入ることに……。途中からといっても、そのチームは1か月前に集まったばかりだっていうから、まだまだ新しいチームだよね。マネージャーさんからチャットで連携してもらった計画書を見てみると、「アジャイル開発を採用する」と書いてある。今の体制図を見ると、メンバーは5人で私が入って6人になるみたい。マネージャーさんは「チームがまだうまく軌道に乗れていないようだから、なんとかしてほしい」って言っていたな。私に何かできること、あるかなぁ。

リカちゃん

入社5年目のエンジニア。現在27歳。BtoB向けシステムの開発をいくつか経験しながらエンジニアとしてのキャリアを歩んできた。チームのプロセス全体を見直したり、チームの活性化をしたり、といった活動にも関わってきた。みんなのサポートや、周りのために何かをすることが好きで、得意だと自覚している。リーダー経験もあり、面倒見が良いと周りからは言われている。周りのことを気にかけすぎて、自分の仕事がおろそかになることも。

　ここで、今回の経緯を説明しておくね。私はこれまで、入社してから5つのプロダクトを担当してきたんだ。どれも一筋縄ではいかない仕事だったけれど、ふりかえってみるとどれも楽しくて、いいチームに恵まれたと思う。

　あるプロダクトでは、一時期プロダクトに問題がたくさん起こってしまって、毎日夜遅くまで働いて終電で帰る、みたいな生活をしたこともあったなぁ。設計が詳細に詰め切れていなかった部分が原因で、テスト工程でバグが頻発し、バグを直すにしても影響範囲は甚大。根本的な構成の見直しも必要になって、とにかく大変だった。最終的にはなんとか無事リリースできて、お客様の喜んだ顔を見られて本当によかったと思う。問題だらけのときはみんな疲れた目をしてた。そこで現状を

変えるために、プロダクト全体のボトルネックを洗い出して、みんなで話し合った
んだ。毎日ちょっとずつカイゼンをしていったら、少しずつ問題が解決されていっ
て、次第にチームの顔も明るくなっていって……。そのときはリーダーが活動の旗
振りをしていたから、私はそのための準備をしたり、計画を一緒に立てたりしなが
ら、チームのサポートをする活動をしていたんだよね。そのときの体験から、私は
チームを支える仕事が好きなのかもしれない、って気づいて。そういう動き方を意
識的にするようになったんだ。

　直近の仕事ではリーダーも経験させてもらった。計画を立てて、チームメンバー
を集めて、管理して、ってなかなか大変だったなぁ。計画書の作成から要件定義、
設計、開発、テスト、リリース、運用。たくさんのことを考えないといけなくて、
最初はてんてこまい。そのチームでも山あり谷あり、苦もあれば楽もありと、順風
満帆とはいかなかったけれど。でも、そのときの経験はきっと今後に活かせると信
じてる。

　このとき、チームビルディングの一環で毎週30分勉強会をしていて、「アジャイ
ル開発」という存在を初めて知ったんだ。開発をしている最中には「アジャイル開
発」の考え方やプラクティスは馴染みのないもので、あまりうまく取り入れられな
かった。けれど、プロダクトをリリースした後に、「ふりかえり」というプラクティ
スを取り入れてやってみる機会があったのは良かったと思う。初めての「ふりかえ
り」だったけれど、「次はこうしたいね」「運用ではこういったことができそうだね」
といったアクションがたくさん出て、「これからも頑張ろう」って気持ちになれた
から。リリース後の運用フェーズに入ってからは、アクションを実行してカイゼン
しながら、チームの動きも少しずつ良くなっていったんだよね。

　それから3か月ほど経ったところで、マネージャーさんに呼び出されて、マネー
ジャーさんとこんな話をしたんだ。

そこに私が…
ってことですか？

おっ理解が
はやくて
助かるよ

前にアジャイルの
勉強会を開いて
いたでしょ？

はい

それで応援を
頼めないかな
って

応援っていうと…
何をしたら
いいでしょう？

それがさ、
そのチームがちょっと
うまくいっていない
みたいで

リカさんは
チームの立て直しが
上手でしょう？

だからなんとかして
もらえないかな？

新しいチームには
2週間後を
めどに…

今のチームへの
引継ぎもよろしくね…

今のチームリーダー
には伝えておくから…

わ、わかりました

と言ってみたものの…
具体的にどうしたら
いいかなあ？

　「わかりました、頑張ってみます」。そう伝えて、マネージャーさんとのミーティングは終わった。それから、私は今のチームへの引継ぎをしながらも、新しいチームに入るための準備を始めることになったんだ。私が受け持っていたチームは運用フェーズに入っていたし、顧客からの要望の数も落ち着いてきていた時期だったので、引継ぎはすんなりいったのは良かった……。

　マネージャーさんは「新しいチームがうまくいっていない」って言っていたけど、どういうことだろう。どういうふうにアプローチしていけば良いのかな。まずはアジャイル開発をしっかり勉強しなくっちゃ。ええっと、入門書をオフィスに置いていたはずだったな。アジャイル開発って言っても、何から始めればいいんだろう？ もしかしたら、この前やった「ふりかえり」が使えるかもしれない。この前はプロダクトがリリースした後にやってみたけど、アジャイル開発だとふりかえりは繰り返しやるって勉強会で聞いた覚えがあるなぁ。この前買ったばかりの『アジャイルなチームをつくる ふりかえりガイドブック』という本も使えそうだよね。この本を読みながら、少し勉強しておこうっと。

さぁ、チームでの仕事が始まった

リカちゃんは新チームのリーダーのもとへ向かいます。これからどんなことをすることになるのでしょうか。

49

社内でも初めての
アジャイル開発案件だから、
少しずつ勉強しながら進めて
いるんだけど、なかなかうまく
いかなくてね…

アジャイル開発の経験者もいないから、
本を読みながら見よう見まねで
やろうとしているんだけど、
やり方も手探りだからうまくいって
いるのかわからなくて

なるほど…

リカさんは、アジャイル開発の
勉強会も開いていたって話を
聞いているから、もしかしたら
詳しいかなって

チームの運営に
ついても一緒に
考えてほしいなと
思ってるよ

なるほど…

アジャイル開発は実際に
やったことはありませんが、
精いっぱいやってみます！
エリちゃんも、協力して
くれると嬉しいな

もちろん！

　そんなこんなで、私は、新しいチームに入ることになった。これから、どんなことが待っているのだろう？　期待と不安で、胸がいっぱいだ。

┃ 登場人物紹介

リカちゃん
スクラムマスターをすることになった。といっても、アジャイル開発もスクラムも経験のない新米スクラムマスター！

エリちゃん
中途入社の 27 歳。学生時代からプログラミングが趣味で、技術力が高いと評判。社外の勉強会によく参加して情報収集している。リカちゃんとは入社前から社外の勉強会で知り合っていた。リカちゃんの困ったときの相談役。

リーダーさん
中途入社の 31 歳。チームリーダーでありプロダクトオーナー。チームの計画や要件定義など、ステークホルダーと相対する部分を一手に引き受けている。チームを引っ張ってくれる兄貴分。それでも、仕事の掛け持ちが多く、チームと一緒にいられる時間は限られている。

ギモンくん
入社3年目の25歳。慎重派で、何をするにも疑ってかかる。その性格から周りからはテスト工程で重宝されており、他の人が見つけられないようなバグを見つけてくれることも。口癖は「ギモンです」。

ベテランさん
45歳のベテランエンジニア。どんな人にでも優しく接してくれる。パートナー会社から技術派遣として来ている。パートナー会社のマネジメントもしているため、日によっては違う開発拠点におり、連絡が取りにくいことも。

ヒカリさん
ベテランさんと同じパートナー会社の38歳のUIデザイナー。チームとは別の拠点で働いており、基本的にはオンラインでやりとりをしているが、週に一度はオフィスに顔を出してくれる。新しいもの好きで、色々な勉強会に顔を出している。

スクラム、プロダクトオーナー、スクラムマスターって？

　スクラムは、アジャイルソフトウェア開発の進め方の1つです。固定の期間で区切られた**スプリント**という期間を繰り返しながら、プロダクト開発を進めていきます。プロダクトオーナー、スクラムマスターは、スクラムの中に定義された役割です。

　プロダクトオーナーはどんなプロダクトを作るか、どの順番で作るかに責任を持ち、プロダクトの価値の最大化に全力を尽くします。

　スクラムマスターは、スクラムの促進と支援に責任を持つ人です。ティーチング・コーチング・ファシリテーションといったスキルを使い分けながら、スクラムチームが作る価値を最大化していきます。

　本書では、これらの用語がわからない、アジャイル開発やスクラムを知らない人でも読めるようにしていますので、ご安心ください。もしアジャイル開発やスクラムについてもっと知りたい場合は、姉妹本の『SCRUM BOOT CAMP THE BOOK【増補改訂版】』を読むとより理解が深まるでしょう。ここでは、リカちゃんが「スクラムマスターというチームをより良くするための活動をする役割を任された」というふうに理解していただければ問題ありません。

何か、うまくいっていないみたいだ

チームを見ていると、なにやら暗雲が立ち込めているようです。

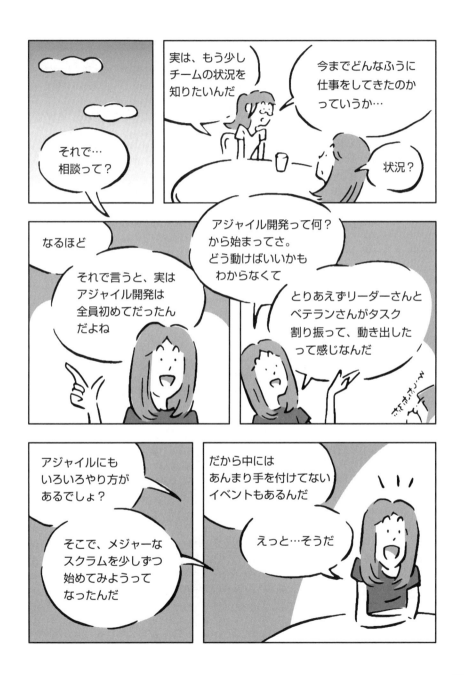

"ふりかえり"
とか！

なるほど、
そういうこと
だったんだね

エリちゃん、チームを
一緒に良くしていくの
手伝ってくれないかな！

え！

入ってすぐの私だけじゃ
うまくいかないかもしれない
から、エリちゃんにも
お願いしたくて…

いいよ！まかせて！

そうと決まったら
なんかわくわくしてきた！

ほんとに
ありがとう！まず
やることはね…

立ち止まろう

エリちゃんの協力を得て、チームの状況が見えてきました。ここからどうやって変えていけば良いのでしょうか。

まずは立ち止まることから始めよう

まさに今のチームの状態が、第1章で説明した「立ち止まる」ときです。チームの現状を変えるためには、まずはふりかえりから始めてみましょう。

ふりかえりは変化を起こすきっかけなのね

ふりかえりは、チームの状況を劇的に好転させてくれるような活動ではありません。そのような銀の弾丸は存在しません。チームが変わるには時間が必要です。その時間をふりかえりによって有意義に、戦略的に活用できれば、チームが変化するスピードを加速させることはできます。

ふりかえりをチームの習慣にできると、チームの状況は少しずつ好転していきます。これは、アジャイル開発やスクラムを取り入れているチームだけに当てはまる話ではありません。すべてのチームに共通するものです。

ふりかえりは小さく始めよう

ふりかえりを始めるときには「ふりかえりが問題を全部解決してくれる」と過度な期待を抱きがちです。ふりかえりでは、問題を明らかにしたり、次のアクションをみんなで考えたりすることはできますが、アクションを実行して問題を解決するのはあくまでチーム自身の力によるものです。

最初はふりかえりの期待値を
上げすぎないようにするといいのね

　ふりかえりも最初から上手にはできません。うまくいかない、ままならないと感じることのほうが多いでしょう。過剰な期待をしてふりかえりを始めると、描いていた理想と現実の大きなギャップから、「ふりかえりは価値がないものだ」と感じてしまいがちです。「最初はうまくいかないかもしれないけど、みんなで一緒にやってみよう。みんなで少しずつ変えていこう」という気持ちで始めていきましょう。

周りの人を巻き込んでみよう

　チームに変化を起こすときには、リカちゃんのように周りの人を一人でも巻き込めれば、グッと進めやすくなります。ふりかえりに少しでも関心を持ってくれる人を巻き込み、チームを少しずつ変えていきましょう[1]。もし一人で始めないといけない状況であれば、ふりかえりをする目的や、チームを変えるためにふりかえりを始めたいという気持ちを自分の言葉で伝えていきましょう。全員は動かないかもしれませんが、小さく始めることはできるはずです。

　それでは、これから、リカちゃんのチームがふりかえりを始めていく様子を見ていきましょう。

---

[1]　もっと手を広げて、ふりかえりを組織全体に広げたい場合にも同様の考え方が活かせます。第14章「ふりかえりを組織に広げるために」 p.301 で詳しく説明しています。

チームで話をしよう

みんなでふりかえりをすることになりました。ふりかえりはどんなことから始めれば良いのでしょうか。

ふりかえりは、
以前はどんなやり方で
やっていたんですか？

前は KPT ってやり方
でやっていましたねー

ただ、あんまりうまく
いかなくて。決めたTRYも
やってないし。
同じやり方だとまた
同じような感じに
なりそう

私はリモートワークが
多いから、実は最初の1回しか
ふりかえり参加してないん
だよねー。
こういう新しいことは
好きだから、楽しみだよ

それで、
どんなふうに進めて
いこうか？

えっと…ちょうど
本を持っているん
ですけど…

そうそう、この機能を作ろうとしたときに、ベテランさんがいなくて、このタスクどこまでやるべきかわからなくて困っちゃったんですよ

そっかー、悪いことしたなぁ。詳細まで伝えてなかったからなぁ

ぼくも、画面の UI の操作について、聞きたいときにヒカリさんに繋がらなくて…

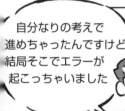

自分なりの考えで進めちゃったんですけど、結局そこでエラーが起こっちゃいました

あぁっ、あれね！こっちも手が離せなくて。

簡単な部分だから、他の人に聞いてくれれば大丈夫かなって思って返信忘れちゃってた。ごめんね！

そこは気がついていればワタシが対応できていたかも

なるほど。ぼくもそこで勝手に進めずに、エリさんに聞けばよかったですね…

なるほどね。こういうコミュニケーションロスが多そうだ。チームのコミュニケーションの取り方を見直したほうがいいのかもしれないね

ふりかえりでチームの活動を見返そう

　チームとして一緒に活動していても、分業をしていたり、オンライン環境でバラ
バラに活動していたりすると、他のメンバーが「どのような仕事をしていたのか」
「どのような部分に困っていたのか」「どのようなことを考えていたのか」が見えに
くいものです。そうした「見えない」部分があるからこそ、チームの活動の中でう
まくいかない部分が生まれます。そのことにチームが気づけるのがふりかえりで
す。ふりかえりの時間を設けたら、チームの活動内容を共有することから始めてみ
ましょう。

チームの現状について話してみるといいのね

　チームが結成されたばかりのときや、何かうまくいっていないと感じるときに
は、チームの中で信頼関係がまだ十分に築けていないのかもしれません。そのよう
な場合、問題を共有したら怒られてしまうと委縮したり、自分の仕事の状況や想い
を伝えることに価値がないと感じてしまったりしてはいないでしょうか。

　そんなときには、信頼関係を少しずつ築いていくためにも、

- 今どんな仕事をしていたのか
- どんな状況なのか
- どんな思いを抱いていたのか
- どんなところに今困っているのか

といったチームの現状を、話せるところから話してみてください。互いの状況や想
いを開示し合うことで、チームメンバーやチームの現状が徐々に見えてきます。相
手のことを知ることができ、自分のことを知ってもらうことができれば、「見えな
い」ことに対する不安は減ります。そして、互いに協力し合える関係になっていく
ことで、相手に「見せよう」とすることへの価値に気づいていきます。

チームメンバーとチームの現状を共有し、分析していくと、チームの中でどこを助け合うとよさそうか、という話が自然と出てくるようになります。自分の仕事だけにフォーカスした動き方から、チーム全体としての仕事や価値の出し方にフォーカスした動き方へと変わっていきます。自分の目線から、チームとしての目線になっていきます。

こうした変化を経て、ふりかえり以外の場でもコミュニケーションとコラボレーションが自然と増えていきます。これらの一歩目として、まずはチームの現状について話してみましょう。

互いの仕事や想いを共有していけばいいのね

一人ひとりがどのような活動をしていて、その結果どんなことが起こって、そのときどんなことを考えていたのかを共有してみましょう。また、「私は嬉しかった」「これはつらかった」といった感情をあわせて共有するのも効果的です[2]。自分や他者の感情をトリガーに、チームにとって重要な出来事を思い出せることがあります。

チームの活動を互いに共有し合っていると、問題も自然と共有されていきます。ただし、これには注意が必要です。誰かを非難してはいけません。問題の要因を追究するのは問題を解決するために有効ですが、問題の責任を追及して非難するのは避けるべきです。自己防衛のスイッチが入ってしまい、チームの意見を受け入れにくくなってしまいますし、そのような状態では新しいアイデアも生み出しにくくなってしまいます。

また、問題解決を一人のタスクにしてしまってはいけません。「誰か一人がやる」ではなく「チーム全員でどういうふうにすればもっとうまくいけるだろうか」という方向に思考を向けてみましょう。慣れていないうちは、具体的なアクションまで落とし込めなくても大丈夫です。出来事や感情を共有していきながら「どうすれば

---

[2]　ネガティブな感情を伝えたり、引き出したりするのにはコツがあります。第6章「ふりかえりのマインドセット」 p.133 で詳しく説明しています。

良いだろう？」とチームで考えるようにすれば、自然と次の行動が誘発されるようになります。

ホワイトボードをうまく使うといいのね

　リカちゃんたちのように、チームの活動内容や意見・感情を付箋に書き、時系列に沿って貼ってみるのも良いでしょう。まずは一人で作業する時間を作り、付箋に書き出した後、全員でホワイトボードに貼っていきながら共有すると良いでしょう。積極的に発言するのが苦手な人がいるときは、いきなり口頭による意見交換をすると、その人が発言をしにくくなってしまいます。そういう場面こそ、最初に一人でゆっくり考える時間を確保してから、全員で意見を開示し合うようにしましょう。

　もし、オンライン環境でふりかえりを行っているメンバーがいるのであれば、ホワイトボードツールとTV会議ツール※3を使うと便利です。全員でホワイトボードツールに付箋を貼っていきながら、TV会議ツールで会話して進めていくと良いでしょう。

　ホワイトボードに貼った意見を共有していく際には、付箋に書いた内容を共有するだけでなく、チームメンバーが相互にコメントし合いましょう。共有をしていくうちに、付箋に書いてあること以上の情報が明らかになりますので、その情報はホワイトボードや付箋に順次書き出していきます。

※3　オンラインでのふりかえりに関するツールは、第5章「オンラインでふりかえりをするために」
　　　p.123　で詳しく説明しています。

コミュニケーションとコラボレーションを見直そう

チームの状況は共有できました。次は、どんなところを話し合っていけば良いのでしょうか。

チームの現状を分析しよう

チームの初期で起こっている問題は、チームのコミュニケーションとコラボレーション（協力・協働）がうまくいっていないことが原因になりがちです。まずは、

- チームメンバー同士でどうやってコミュニケーションを取っているか
- チームのコミュニケーションの取り方をどう変えていくと良いか
- どうしたらチーム内でもっとコラボレーションできるか

を考えてみましょう。

情報共有だけじゃなくて、チームの
やりとりについて話してみるといいのね

進捗状況やタスク、困っていることなどの情報の共有をチームメンバー同士でどのように行っているかを話し合ってみましょう。また、雑談や業務中の会話など、コミュニケーション全般にも目を向けてみましょう。それらのどこが良い・悪い行動だったのか、なぜそれがチームにとって良い・悪い影響を与えたのか、そしてそれらをより良い方向へと伸ばすために何ができるのかを検討しましょう。

コラボレーションについても話し合います。どこで誰と協力・協調・連携して仕事を進めたか、どんなふうにコラボレーションを起こしていくとチームにとって良いか。こうした観点で話し合いをしながら、今後どうするかを検討していきましょう。

73

最初はアクションまで作れなくても
大丈夫なのね

　どんなカイゼンをするかという具体的な「アクション」を作成し、行動に移すことまでできれば、明確にチームは変化していきます。ただ、ふりかえりに慣れていないうちは、そこまでたどり着けないこともあるでしょう。まずは、チームメンバー同士で情報を開示し合い、共有できたというだけで問題ありません。互いのことや状況を把握し、「どのように変えていけばよさそうか」という方針がうっすらと見えていれば、「変えていこう」という空気が生み出され、行動が誘発されやすくなります。

　チームみんなでコミュニケーションとコラボレーションを見直すと、チームの一人ひとりが、他のメンバーとのコミュニケーションとコラボレーションを意識的に行うようになっていきます。そうすると、少しずつチームの問題がふりかえり以外の場でも共有されるようになり、問題が自然と解決されるようになっていきます。

結果を見直せるようにしておくといいのね

　ふりかえりで共有した情報や作成したアイデアをそのままホワイトボードに貼り出し、いつでも見直せるようにしておきましょう。アクションを付箋に書き出して、チームのタスクボードに貼り付け、全員で実行できるようにするのが望ましいですが、アクションまで話がたどり着かなかった場合は、ふりかえりの内容をいつでも見直せる状態にして、見直すタイミングを決めましょう。見直すタイミングはチームの定例会（スクラムの場合はデイリースクラムのタイミング）や、出社してすぐなどです。アクションをすぐに目に触れるようにしておけば、自然とチームの行動に変化が起こり始めます。

ふりかえりをふりかえろう

ふりかえりで互いの想いは伝え合いました。最後にふりかえりのやり方もカイゼンしていきます。

ふりかえりそのものもカイゼンしよう

　ふりかえりは「チームの活動をカイゼンする場」ですが、「ふりかえりそのもの」もしっかりカイゼンしましょう。ふりかえりをカイゼンすれば、チームに合った、より効果的なふりかえりが行えるようになります。

　ふりかえりのファシリテーションの仕方やテーマ、話した内容、どのようにコミュニケーションやコラボレーションしたかを話し合い、次回のふりかえりに活かしましょう。

少しの時間だけでも
「ふりかえりのふりかえり」をするといいのね

　ふりかえりの最後の3〜5分で「今回のふりかえりの感想」を言い合うだけでも、ふりかえりをカイゼンするためのアイデアが出てくるため、次のふりかえりをカイゼンする効果があります。もしふりかえりの時間内に話せなかった場合は、チャットなどで一言ずつ感想を書き合うだけでも同様の効果が見込めます。

ふりかえりもチームに合う形に
していけばいいのね

　「ふりかえりのふりかえり」をしていくことで、ふりかえりが少しずつチームに馴染んでいきます。初めのうちは会話もどこかぎこちなく、効果があまり見えなくても、ふりかえりを全員でカイゼンしていく活動を繰り返していけば、ふりかえりへの参加意識が強まり、「チームによる、チームのための活動」へと変わっていきます。

少しずつ変えていこう

チームで初めてふりかえりをした翌週。1週間でどこが変わったか、確認してみましょう。

小さな変化をみんなで確かめ合おう

チームにどんな変化があったかを確かめましょう。前回のふりかえりから今回のふりかえりまでの差分を、チームメンバーの一人ひとりの観点で話し合ってみると良いでしょう。

- 何がうまくいったのか
- 何がうまくいかなかったのか
- どんなことにチャレンジしてみたのか
- どういうことがわかったか

どんな観点でも良いので「変化」を共有すれば、その変化をさらに大きくしたり、別の変化を起こしたりするための切り口が見えてきます。

行動することが大事なのね

リカちゃんたちに変化が起こったのは、「行動に移したから」です。互いの状況や考えていることを共有して、「やってみる」ことを決めたら、すぐに実行します。行動した結果が良い方向であれ、想定外の方向であれ、変化はすぐに起こるでしょう。

ふりかえりの最中に具体的なアクションが決まらなかったとしても、「これをやってみたい」という話題が出たら、チーム全員で試してみるように普段の会話の中で促してみましょう。行動を起こすきっかけになります。

もし、変化が想定外の方向に起こったときは、変えた内容を元に戻せば良いのです。うまくいかなかった原因を分析しつつ、その起こった変化を良い方向に転換するために何ができるかを考えてみましょう。そのためのポイントが**小さなアクション**です。

小さなアクションを1つ決めてみよう

　チームで「もっと良いやり方がないか」を話し合ったら、行動に移す内容を「アクション」として1つ決めてみましょう。リカちゃんのチームでは「ベテランさん一人ではなく、みんなでタスクを作る」というアクションを決めて、すぐに実行しました。このように、すぐ行動に移せるような小さなアクションを作ります。そして、アクションが新たな変化を生み、その変化が新たなアイデアを生み出し、チームの変化はより加速していきます。

小さいアクションを積み重ねることが大事なのね

　チームのプロセス全体を変えるような大きなアクションは、何から手を出せば良いのかわからなかったり、心理的なハードルが高かったりして、「結局何も行動できなかった、変わらなかった」ということが起こりがちです。

　大きな変化を起こすときにも、まずは一歩目を踏み出せることが重要です。大きな変化を起こすときには、小さなアクションに分解していけば、小さな変化の積み重ねによって軌道修正もしやすくなります。小さな、最初の一歩を踏み出せるアクションを打ち出しましょう。そうしてチームみんなでアクションを決定したら、その一歩目をふりかえりの後すぐに踏み出してみることです。

チーム全員で変えていくのね

　チームの誰か一人ができていたことをチームみんなに波及させるためのアクションや、大きな問題を切り崩すための一歩目となるアクションなど、どんなものでもかまいません。何かチャレンジングなものでも良いでしょう。

　大事なのは「一人が行動を変える」のではなく「チーム全員が行動を変える」ということです。一人で行うアクションは、チームの一体感が生まれていないときほど、「彼・彼女がやるアクション（タスク）なのだから私には関係ない」という思考を生み、チームをさらなる分断へと向かわせます。「○○さんが××をする」といった誰か一人の行動を変えるようなアクションだとしても、それをチーム全員で成し遂げようとする意識を持ちましょう。チームメンバー同士でフォローし合ったり、そもそも属人化している部分をなくしたりと、チーム全体で取り組めることは多数あります。

変化と成長の実感を大事にしよう

　ふりかえりによって引き起こされたチームの変化は、チームの外の人から見れば、ちっぽけで価値の低い変化に思えてしまうかもしれません。「1時間議論して出た結果がこのアクションで良いのかな」と不安に思う人もいるかもしれません。しかし大丈夫です。今まで変化の少なかったチームに、チームが自分たちの力で変化を起こせたことに自信を持ってください。チームメンバーが「変化できた」「成長できた」ということを認め、実感し、自覚できたとき、その体験が新しい変化への起爆剤になります。

変化を繰り返していくのね

　最初は小さな変化でも、ふりかえりをするたびに少しずつ変化を繰り返し、積み重ねていけば、それは大きな変化になります。あるとき、昔の自分たちでは想像もつかないような変化や成長をしていることに気づけるでしょう。
　ふりかえりのアクションは「できた」「できなかった」という短期的な視点で捉えてしまいがちですが、長期的な視点で見れば、アクションという一歩を踏み出せたことや、その結果を使って軌道修正していけたことが、結果的に大きな変化と成長のきっかけになっていた、ということもよくあります。アクションがうまくいかな

かったとしても大丈夫です。「今まで変えられなかった部分を自分たちの手で変えられた」「どういう変化を起こすと失敗しやすいのかが理解できた」という視点で捉えれば、そのアクションは決して無駄にはなりません。

「自分たちはここが変われた、次はあれをやろう」というふうに、チーム全員でモチベーションを上げて、次々に変化を起こしていきましょう。それが、チームをよりハイパフォーマンスな状態へと導き、アジャイルなチームをつくり出します。

こうした前向きな捉え方は、ふりかえり以外の場でもチームに学びや気づきのきっかけを与え、変化と成長へと導いてくれます。

ふりかえり以外でも
変わっていけるようになるのね

ふりかえりの真価は「ふりかえり以外の部分での変化を促進する」ことにあります。1週間に一度ふりかえりをするチームであれば、ふりかえりが1時間だとすると、ふりかえり以外の時間は30時間以上あります。その「ふりかえり以外」での活動に、ふりかえりで得た変化と成長への感覚が活用されるのです。日常的に小さなカイゼンや変化が誘発されるようになり、変化と成長のスピードが加速度的に上がっていきます。

ふりかえりにはチームを劇的に変えてくれる効果はありません。ただ、チームの変化を加速させてくれる効果があります。1回1回のふりかえりの結果に一喜一憂せず、長期的な目線で、そして一人ではなくチームの目線で、少しずつ変化し、成長していく自分たちの姿を楽しんでいきましょう。

Chapter 04

ふりかえりの進め方

ステップ❶　ふりかえりの事前準備をする
ステップ❷　ふりかえりの場を作る
ステップ❸　出来事を思い出す
ステップ❹　アイデアを出し合う
ステップ❺　アクションを決める
ステップ❻　ふりかえりをカイゼンする
ステップ❼　アクションを実行する

　これまで学んだ内容をおさらいしつつ、ふりかえりの進め方への理解を深めていきましょう。

　この章では、チームでふりかえりをするための具体的な進め方を紹介します。チームのふりかえりは、以下の7つのステップの順に進めていきます。

> ステップ❶　ふりかえりの事前準備をする
> ステップ❷　ふりかえりの場を作る
> ステップ❸　出来事を思い出す
> ステップ❹　アイデアを出し合う
> ステップ❺　アクションを決める
> ステップ❻　ふりかえりをカイゼンする
> ステップ❼　アクションを実行する

　第2章でも、ふりかえりの流れに沿って概要を簡単に説明しましたが、こちらではそれぞれのステップを詳細に説明していきます。

ステップ❶ ふりかえりの事前準備をする

事前準備と一口に言っても、このステップで行うべきことはたくさんあります。

- 道具を準備する
- 場所を用意する
- 目的を考える
- 構成を考える
- ファシリテーターを決める

最初からリーダーやスクラムマスターがこれらを一人ですべてやろうとすると大変です。ふりかえりの回を重ねながら、少しずつできることを増やしていきましょう。そして、これらはチーム全員で行います。チーム全員が一度ずつ経験すれば、ふりかえりの準備もみんなで楽しく行えるようになっていきます。

道具を準備する

ふりかえりには道具が重要な役割を果たします。適切な道具があれば、よりいっそうのアイデアを引き出しやすくなります。そのため、事前に道具を準備しておき、スムーズにふりかえりを開始できるようにしましょう。毎回使う道具はほぼ同じなので、道具を一か所にまとめておくと便利です。

ふりかえりではどんな道具が必要なの？

以下はふりかえりでよく使う道具です。あらかじめ準備しておきましょう。

❶ホワイトボードやホワイトボードシート、模造紙など、大きなキャンバスとなるもの

こちらはオフィスの環境に合わせて用意しましょう。模造紙を使う場合は、模造紙を貼るためのマスキングテープやマグネットも一緒に用意しましょう。

❷付箋

小さすぎると書きにくいため、一辺が75mm以上のものを用意します。強粘着タイプのものがはがれにくく便利です。付箋は4色あると、アイデアを書き出すときに分類しやすくなります。

❸黒のサインペン

付箋にアイデアを書くために利用します。ボールペンだと線が細く、ホワイトボードから付箋を眺めたときに文字が読めない場合があるため、太めのペンを用意します。インクが出にくくなったり、かすれてしまったりする場合は、ふりかえりを始める前にインクを補充するか、ペンを交換しておきましょう。また、ペンは人数分確保しておきましょう。

❹ホワイトボードマーカー

ホワイトボードに書き込むために利用します。黒・赤・青の3色あると便利です。模造紙の場合は紙用の太めのペンを用意しましょう。

❺ドットシール

文房具店や100円ショップなどで入手可能です。投票や、自分の気持ちを表明するために利用します。

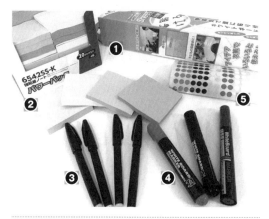

図 4.1　ふりかえりに必要な道具

ほかにも便利な道具ってあるの？

　ふりかえりの補助の道具として、あると便利なものを紹介します。必要に応じて、少しずつ揃えていくと良いでしょう。

❶タイマー

　ふりかえりの最中に、作業時間を区切るために利用します。携帯電話のタイマー機能でもかまいませんし、キッチンタイマーや置時計でもかまいません。全員が見えるように設置することで、時間を意識しやすくなります。

❷さまざまな種類の付箋

　大きめのサイズのものを準備すれば、アイデアにラベルを付ける際に利用できます。吹き出しなどのさまざまな図形の付箋や、キャラクターもののカラフルな付箋は、ふりかえりをより楽しくしてくれます。

❸トーキングオブジェクト

掌に収まる大きさのぬいぐるみなどを用意します。持っている人がしゃべり、しゃべり終わったら次の人に渡す、という使い方をします。会話が止まりがちなチームにあると便利です。

❹おやつと飲み物

飲食しながらふりかえりをしてみましょう。人は飲食によって、副交感神経が優位に働き、リラックスしやすくなります。おやつや飲み物を用意してリラックスした状態を作ることで、アイデアを生み出しやすくできます。

❺音楽再生用のプレーヤー

音楽の種類によっては、リラックスする効果を得られます。ただし、ふりかえりの邪魔になることもあるため選曲には注意しましょう。こちらは「場所を用意する」で後述します。

❻付箋の入れ物

付箋や模造紙を大量に使うため、使い終わった後の付箋を入れるための入れ物を用意しましょう。入れ物にふりかえりで使った付箋をためていきます。たまった付箋は、たくさんのふりかえりを繰り返してきた証です。入れ物いっぱいまでたまったらみんなでお祝いする、というやり方も楽しいですよ。

オンラインでふりかえりをするときにどんな準備をすればいいのかな？

昨今では、オフィスで顔を突き合わせてふりかえりをするだけでなく、オンラインでふりかえりをする機会も増えてきています。オンラインでふりかえりをする場合は、ホワイトボードでの付箋のやりとりの代替として、オンラインで利用できるホワイトボードツールや、共同編集可能なエディターなどを準備しておきます。少人数であれば、チャットツールで発言をしていく形式でも実現可能です。

また、音声が共有できる状態にしておきます。音声通信用のツールを使って、音声＋視覚の2つでふりかえりをできるようにしましょう。

オンラインでふりかえりをする際の道具やテクニックは第5章「オンラインでふりかえりをするために」 p.123 で詳しく紹介していますので、そちらを参照してください。

場所を用意する

ふりかえりに最適な空間を作り出します。オフィスの一角、会議室など、チーム全員が集まれる場所を用意しましょう。ふりかえりでは付箋を大量に使ったり、ホワイトボードの前に全員が集まったりするため、チームの人数よりも多く入るやや大きめの部屋を用意すると良いでしょう。会社の制約により確保できる部屋が小さい場合や、機材が揃っていない場合がありますが、それでもその与えられた空間を最大限活用して、チームがふりかえりに臨みやすい状態を作ります。

場所を確保できたら、空間レイアウトをしていきます。

どんなレイアウトにするといいんだろう?

さまざまなアイデアを生み出していくために、**「問題 対 私たち」** の観点で考えると、前向きなアイデアが出やすくなります。チーム全員で少しずつ変化を起こしていくためのアクションは「人 対 人」で議論をしても生まれません。「問題 対 私たち」の意識を作るためには、空間レイアウトが有効に作用します（図4.2）。

人と人が向き合った状態で会話すると、ふりかえりの中でも無意識的に「人 対 人」の構図が物理的に生まれます。チーム全体の議論をしていると頭ではわかっていても、対面で向かい合うレイアウトで話をしていると、ふとしたきっかけでつい熱くなってしまい、誰か一人への言及が始まってしまうことがあります。また、目と目が合う時間が長くなると、心理的な負担を感じてしまう傾向にある人もいます。とくに、職場内での上下関係や契約関係があるような関係性だと、対面で座る

図4.2　空間レイアウトでアイデアの生み出しやすさが変わる

とより威圧感を与えてしまうこともありますので、レイアウトには注意しましょ
う。

　「問題 対 私たち」の状態を生み出しやすくするためには、ホワイトボードを中
心に半円状で集まって会話ができるようなレイアウトを作ります。このレイアウト
では、一人ひとりへの語りかけではなく、自然と全員に対して語りかけをするよう
な雰囲気を作れます。

　また、広い場所を使って、自由に動き回りながら話し合いができるようなレイア
ウトにすると、より会話が生まれやすくなります。全員が常に椅子に座って、机や
壁に向かってふりかえりをするのでは、どうしてもコミュニケーションが活性化し
にくくなりがちです。全員が立って集まることで、よりインタラクティブなコミュ
ニケーションを生み出すことができます。ただ、ふりかえりの時間中ずっと立って
いるのもつらいものがありますので、疲れたら座れるよう、椅子を周囲に用意して
おくのも良いでしょう。椅子は全員分用意してしまうと、一人が座ったことにつら
れて全員座り出してしまいますので、人数の半分を準備して、疲れた人が座るスタ
イルにするのも良いでしょう。

リラックスしてふりかえりをしたいよね

　空間作りの一環として、音楽を流すことで、リラックス効果を生み出すこともできます。適度なリラックスは、集中力を引き出し、無音による緊張感を和らげ、会話をしやすくするといった効果が期待できます。ポイントは、**ほのかに聞こえる程度の小音量で流す**ことと、**ヒーリングミュージックなどの歌詞のない音楽を流す**ことです。あまり大きな音量だと会話をさえぎってしまいます。また、歌詞のある曲や誰もが口ずさんでしまうような有名な曲だと、音楽にノッてしまい、集中を乱され思考の邪魔になってしまうことがあるため、選曲には気をつけましょう。人によっては無音のほうが集中できるという人もいますので、音楽をどうするかはチームに合わせて活用してください。

　ふりかえりの序盤のアイスブレイクなど、まだ雰囲気が硬いときには音楽を流して、一人ひとりの作業時間で全員が集中してきたと感じたら音量を下げる・音楽を消す、といった配慮もすると、よりチームでアイデアを引き出しやすい環境を作れます。チームの状態に応じて、音楽の使い方も変えていくと良いでしょう。

目的を考える

　今回のふりかえりの目的を考えます。チームの状況や状態によって「どんなふりかえりがチームの変化と成長に結びつくか」は異なります。毎週ふりかえりをしているチームでも、目的は週ごとに少しずつ異なってきます。

　第1章では、ふりかえりの目的と段階として、以下の3点を挙げました。

- 立ち止まる
- チームの成長を加速させる
- プロセスをカイゼンする

　これらをもっと詳細に分類すると、いくつもの目的が考えられます。代表的な8

つの目的を紹介します。

❶チームの状況や状態を共有したい
❷チームの成功を続けたい、良いところを伸ばしたい
❸チームの失敗を避けたい、問題を解決したい
❹学びや気づきを共有して、新しい実験を生み出したい
❺チームの信頼関係を高めたい
❻普段話さない、さまざまな視点からチームを分析したい
❼チームの長期間の変化をふりかえりたい
❽チームの未来やゴール像を描きたい

状況や状態に応じて目的は変わるんだね

　チームのときどきの状況や状態によって話し合うべき内容は変わるため、ふりかえりの前日〜当日に目的を定めましょう。目的は一人で検討してもかまいませんが、可能ならチーム全員で決めておくと良いでしょう。

ふりかえりの目的を理解しておかないとね

　ふりかえりには、とても有名な手法として**KPT**（ケプト、ケーピーティー）があります。ふりかえりのことを調べると、必ずKPTにたどり着くほど日本で定着しています。
　KPTは「Keep（続けること）」「Problem（問題になっていること）」「Try（試すこと）」の3つの質問に順に答えていきながら、チームの活動をカイゼンする手法であり、とてもシンプルかつ強力な手法です※1。

ただ、「有名な手法だから」と手法のやり方だけを真似して、「手法を行うこと」が目的となってしまい、何のためにふりかえりをするのかが見えなくなってしまっているチームがいることも確かです。

ふりかえりで大事なのは「何のためにふりかえりをするのか」をチーム全員が理解し、納得していることです。ただ手法をなぞるだけでは、すぐに目に見える効果が現れなかったときに、「ふりかえりをやったが意味がなかった」と捉えてしまい、次回からふりかえりをスキップしてしまいがちです。ふりかえりを一度スキップすると、次回もスキップし、次々回もスキップし、そうしていつしか行われなくなります。そうなると、元の状態に戻ってしまいます。あなたのチームがそうならないよう、もしふりかえりに効果を感じていないのであれば、ふりかえりの目的に立ち戻ってみてください※2。

構成を考える

目的ごとに効果的な進め方は異なります。目的に合わせて、ふりかえりの進め方を考えます。構成に関しては、この章で説明している7つのステップのうち、ふりかえりを実際に進めるステップ❷〜❻に沿って決めていきます。

- ステップ❶　ふりかえりの事前準備をする
- ステップ❷　ふりかえりの場を作る
- ステップ❸　出来事を思い出す
- ステップ❹　アイデアを出し合う
- ステップ❺　アクションを決める
- ステップ❻　ふりかえりをカイゼンする
- ステップ❼　アクションを実行する

本書では、第8章にステップごとに活用できる手法を紹介しています。ふりかえりの目的を達成できるように、手法を組み合わせながら、ふりかえりの構成を組み

※1　KPTは、第8章「ふりかえりの手法を知る」の「11 KPT」 p.198 で詳しく説明しています。
※2　ふりかえりの目的は、第1章「ふりかえりって何？」の「ふりかえりの目的と段階」 p.8 で詳しく説明しています。

立てていきます。

構成を考えるのって難しそう!

　ふりかえりを始めたばかりで慣れておらず、チームに十分な時間が取れないとき、また、構成をどのように決めたら良いのか悩んでいるときは、ふりかえりの目的をチーム全員で決めたうえで、1つずつ手法を試してみてください。試した手法の中で、チームにしっくりくるものを選び、それを少しずつカイゼンしていけばOKです。1つずつ手法を試していくうちに、各手法がふりかえりの目的に対してどのような効果を発揮するのかがわかるようになってきます。

手法はどうやって組み合わせるの?

　ステップに沿ってふりかえりの手法を組み合わせて行えば、ふりかえりを効果的に進めていけるようになります。各ステップにしたがって、各手法を組み合わせていきましょう。

　たとえば、表4.1のような構成を考えます。

　どのような組み合わせで進めていけば良いのかは、第8章「ふりかえりの手法を知る」の「ふりかえりの手法の選び方」 p.153 や第10章「ふりかえりの手法の組み合わせ」 p.259 にいくつかの例を紹介していますので、参考にしてください。さまざまな組み合わせを試していくうちに、目的に合わせて自在にふりかえりを作り上げていけるようになります。

ステップ	手法 ※各手法は第8章で紹介	ねらい
ステップ❷ ふりかえりの場を 作る	信号機	ふりかえり前の気持ちを聞き出す
ステップ❸ 出来事を思い出す	KPT	チームの出来事を共有する
ステップ❹ アイデアを出し合う	KPT ドット投票	良かった点、悪かった点を共有し、 チームとしてのTryを出し、絞り込む
ステップ❺ アクションを決める	KPT SMARTな目標	Tryを具体的なアクションにする
ステップ❻ ふりかえりを カイゼンする	信号機 ＋／Δ（プラス／デルタ）	ふりかえり後の気持ちを聞き出す ふりかえりのカイゼンをする

表4.1　ステップに沿って手法を組み合わせる

あっ、この手法はこんな道具も必要なんだ

　構成を決めたら、その構成に必要な道具を追加で準備しましょう。各手法に必要な道具は第8章で手法別に紹介しています。たとえば、KPTを行うと決めたのであれば、活動の思い出しができる枠や「Keep ／ Problem ／ Try」の枠を描いたホワイトボードを事前に用意すると良いでしょう。

　必要な道具をすべて揃えたら、構成もホワイトボードに書き出します（図4.3）。何をやるのかが見えない状態でふりかえりを進めてしまうと、ゴールが見えず不安に思ってしまう参加者もいます。構成をいつでも見える場所に掲示すれば、参加者は安心してふりかえりに参加できるようになります。また、「どんな目的でどんな手法をするのか」を見える場所に示し、説明することも大事です。

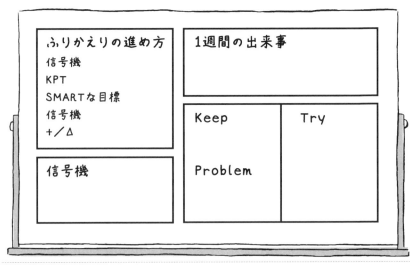

図4.3　ふりかえりの構成をホワイトボードに書いておこう

　なお、図4.3のように手法名をそのまま書くかどうかには気をつけてください。ふりかえりに慣れていない人は、手法名を見るだけでは「何をするのか」が想像できず、不安を抱いてしまうこともあります。まだふりかえりを始めたばかりの場合や、初めての手法を行う場合には「どんなことをやるのか」ということだけを記載したほうが、安心感を与えやすくなります。チームの状況や状態に応じて、構成の記載の仕方や、どこまで説明するかを検討するようにしましょう。

ふりかえりの手法の中身を変えてもいいの？

　ふりかえりに慣れてきたら、ふりかえりの手法をそれぞれ連続的に繋げるのではなく、ふりかえりの手法同士を混ぜ合わせて使ったり、手法を使わずにふりかえりをしたりできるようになります。
　ふりかえりの目的をチームで認識してさえいれば、チームのそのときの状態に応じてふりかえりの方法を自在に変えることができます。「新しい手法をどんどん試

したい」という雰囲気があるのであれば、その場で手法を調べてみんなでやってみるのも手です。

ファシリテーターを決める

　ふりかえりを円滑に進めるために、慣れないうちはファシリテーターを一人決めておきましょう。ファシリテーターは時間管理をしながら、アイデアの引き出し、アイデアの発散と収束などを使い、チームのふりかえりを促進する役割を担います。

　ファシリテーターを一人決めた場合でも「他のメンバーもファシリテーターの補佐になる」という意識を共有しましょう。ファシリテーター一人に任せるのではなく、相互に意見を引き出し合う、進行に気を配るなど、ふりかえりへの積極的な参加を促すと良いでしょう。

　ファシリテーターはふりかえりの前に決めておくとスムーズです。ふりかえりの終了時に次回のファシリテーターを決めると良いでしょう。慣れてきたら、ふりかえり開始後にファシリテーターを決めても問題ありません。

ファシリテーターって 難しいイメージがあるのよね

　初めから完璧なファシリテーターを目指したり、チームがそれを期待したりしてしまうと、ファシリテーターを担うのも気が重くなってしまいます。「うまくいくかどうかわからないけどやってみよう」「みんなで応援して、助け合ってね」といった声かけをして、気軽にチャレンジできる環境を作りましょう。

　ファシリテーターは、普段の仕事とは少し毛色の違うスキルが要求されます。やってみて初めて、「こういう問いかけをすると良いのか」「ここは進め方が難しいのか」というように色々なことがわかります。そのため、ファシリテーターを固定にするのではなく、一人ずつ順番に担当してみましょう。チーム全員がファシリテーターの視点を持てるようになり、苦手な部分をカバーし合えるようになります。その結果、ふりかえりをより円滑に進められるようになります。

ステップ❷ ふりかえりの場を作る

　ここから先はふりかえりをスタートしてから行うステップです。最初に行うのは
「場を作る」ことです。ふりかえりの時間を有意義に使えるように、全員が集中で
きる状態を作り上げます。

　場を作るためには3つのことを行います。

- テーマを決める
- 進め方を決める
- ふりかえりに集中する

　「ふりかえりの事前準備をする」と近い内容もありますが、ふりかえりの最初に
チーム全員で改めて話し合うことで、「自分がふりかえりを作り上げている」とい
う意識が芽生えます。ふりかえりの最初の5〜15分で良いので、必ず行ってほし
いステップです。

テーマを決める

　ステップ❶の「目的を考える」で検討した目的で良いか、改めてふりかえりの中
で決めます。もし、チームの今の状況や状態が当初想定していた目的とずれている
のであれば、この場でテーマを決め直し、ふりかえりを再構築します。

　チームの状況や状態と目的がマッチしているときに、この場で新たなテーマが出
てきた場合は、そのテーマに沿った問いかけもふりかえりの中で行うようにしま
す。

事前に目的を話し合えてなかったけど、大丈夫かな?

　事前に目的を考えていないのであれば、この場でチーム全員にふりかえりの目的を問いかけます。「今日のふりかえりはどんなことを話し合いたいか」「現在抱えている不安はあるか」「チームの今の関心ごとは何か」「チームで成し遂げたいことは何か」といった問いかけをしながら、チームのふりかえりの目的を再確認します。

進め方を決める

　ステップ❶の「構成を考える」で検討した構成で良いかどうかを確認したり、「テーマを決める」で決定した内容に沿って、ふりかえりの構成を再構築したりしましょう。

進め方ってどうやって話し合えばいいのかな?

　ふりかえりの進め方を決めるうえで、どの話し合いにどれくらいの時間を割くのか、というタイムスケジュールを検討しましょう(図4.4)。細かなタイムスケジュールを決めて、それを1つひとつ厳密に守る必要はありませんが、ふりかえり全体としての時間は守ります。そのため、各ステップに割く時間に加えて、多少余裕を持たせた時間を用意しておくと良いでしょう。議論が白熱してしまうことはよくあります。その際に、時間をあらかじめ決めておけば、延々と話し続けてしまうことは避けられます。

　会議室を借りている場合は、後片付けにも時間が必要ですので、忘れずに入れておきましょう。

ふりかえりの進め方
信号機（3分）
KPT（60分）
SMARTな目標（20分）
信号機（3分）
+／△（3分）
後片付け

図 4.4　各ステップで使う時間を明記しておきます

ふりかえりに集中する

　ふりかえりでは「**前向き**」に思考します。「成功をより継続・連続させるために何ができるか」を考えるためには「前向き」な思考が必要です。マイナスの事象に対してアクションを考える際にも、前向きな気持ちで臨むことで、より良いアイデアが生まれやすくなります。そのための準備を行うのが「場作り」なのです。

　また、ふりかえりでは「**対話**」をしていきます。一人ひとりが互いの意見を尊重し、バラバラに考えていただけでは生まれなかったアイデアを生み出せるのが対話です。「こちらの案のほうが良い」「そちらはダメだ」という案を戦わせる場とは異なる点に注意しましょう。

　これらを統合した「**前向きな対話**」がしやすい環境を整えると、自然とコミュニケーション量が増え、活発な意見交換が行われるようになります。そして、どんなに小さな出来事でも共有してアイデアへと変換する流れが生まれます。この状態になれば、ふりかえりの進め方にこだわらずとも、自然とふりかえりの目的は達成されやすくなります。ファシリテーターが背中をそっと後押しさえすれば、良いアイデアや良いアクションが生まれるようになります。

前向きな対話をするための準備って 何が必要なのかな?

　この「前向きな対話」の準備のために、ふりかえりの最初に、ふりかえりの場を作るための活動を行います。ふりかえりの場を作るための手法には、**DPA** `p.155`、**ハピネスレーダー** `p.168`、**感謝** `p.171`、などさまざまな手法があります。手法が気になる人は、第8章「ふりかえりの手法を知る」`p.147` をご参照ください。

ふりかえりのときには、 みんなが集中できるようにしたいな

　ふりかえりは全員が集中してこそ、良いアイデアが生まれます。ふりかえりの最中に別の仕事をしている人や、心ここにあらずの人が参加していれば、当の本人から良いアイデアが出ることはありませんし、他のメンバーの集中も乱されてしまいます。

　ふりかえりの時間はふりかえりのみに集中するよう声かけをしたり、PCを閉じるようにしたり、ふりかえりの心構えを話したり、といった工夫をして、チーム全員がふりかえりに参加できるようにしましょう。

　ふりかえりの冒頭で全員が一人一言ずつしゃべるような仕掛けをするのも効果的です。一言ずつしゃべることで、「私もふりかえりに参加している」「私がふりかえりに貢献している」という気持ちを生み出します。ふりかえりへの参加意識を全員が持ったうえで、ふりかえりを全員で作り上げていきましょう。

ステップ❸ 出来事を思い出す

　このステップでは、ふりかえりの目的とテーマに沿って、ふりかえりの対象期間（1週間など）にあった出来事を思い出し、付箋に書き、互いに共有し合います。思い出すのは「事実」「感情」「学びと気づき」といった要素です。出来事を思い出す際に活用できるテクニックをいくつか紹介します。すべて行う必要はなく、選択した手法やふりかえりの状況に応じて使い分けていきましょう。

- 時系列で思い出す
- 事実・感情・学び・気づき・成功・失敗から思い出す
- 連想して思い出す
- 一人で出来事を思い出す
- チームで出来事を共有する
- 対話の内容を可視化する
- 出来事を掘り下げる

時系列で思い出す

　ふりかえりの対象期間のうち、「自分やチームにとって何が起こったか」「どんなことをしたのか」を思い出し、時系列に書き出していきます。時系列を使うことによって、「月曜日にはこんなことをやった」「火曜日には…」というふうに日付・曜日・時刻をもとに情報を思い出しやすくなります。

事実・感情・学び・気づき・成功・失敗から思い出す

　これらをベースに思い出します。手法によっては別の要素も含まれるものもあります。ここでは、上記の中でもとくに重要な「事実」「感情」について説明します。

普段の仕事のときには「感情」って
馴染みがないよね

　ふりかえりで感情を表現すると、強い感情と記憶が結びつき想起しやすくなるほか、チームでアクションを作るモチベーションに繋がりやすくなります。

　また、事実と感情は紐づけて思い出すと良いでしょう。付箋に「○○があって嬉しかった」というふうに、事実と感情を一緒に書き出します。「事実」と「学び」「気づき」も同様に紐づけて思い出せます。

　この方法は「時系列で思い出す」とは異なり、印象深い出来事から順番に思い出しを進めていきます。時系列と感情による思い出しを交互に行いながら、チームに起こったことを思い出していくと良いでしょう。

ほかにも話し合うと良い内容を
詳しく知りたいな

　ここで紹介した要素や、その他の要素について、どんな問いをすると意見を引き出せるかを第9章「ふりかえりの要素と問い」 p.245 に詳しく説明しています。そちらもご参照ください。

連想して思い出す

　思い出した出来事から連想してさらに別の出来事を思い出す方法です。「○○さんと会話して、こんな話をしたな」「そういえば、○○さんと言えば…」という具合に、記憶や単語を連想させて思い出していきます。時系列で繋がる出来事もあれば、まったく別の出来事に繋がっていく場合もあります。一人で思い出せる出来事がなくなってきたら、自分や他の人が書いた付箋を見ながら、連想して思い出しをしていくと良いでしょう。

一人で出来事を思い出す

　最初は一人で思い出しましょう。「自身がなぜそのように行動したのか」「どんな感情を持ったのか」など、じっくり自分に向き合って考える時間を取りましょう。一人で思い出す時間を取ることで、メンバー全員から情報を引き出せるようになります。

最初からみんなで話し合えば
いいんじゃないの？

　まず一人で思い出しをするのには理由があります。いくつもの意見やアイデアを考えてすぐに口に出せる人と、じっくり考えたうえで1つの意見を出す人など、思考のタイプはさまざまです。一人で考える時間を取らないと、後者の人の意見は集めにくいのです。

　なお、1週間の思い出しをするのであれば、一人で思い出す時間は8〜15分程度用意すると良いでしょう。

チームで出来事を共有する

　思い出した出来事を共有します。共有時には全員が自発的に意見を言える仕組みを作りましょう。

「自発的に言ってね」と伝えても
なかなか動いてもらえなくて…

　各々が思い出した出来事を書いた付箋をホワイトボードに貼り、時系列順に共有していく場面を想像してください。ファシリテーターが「次はこの付箋を書いた人

お願いします」と発言を促すのではなく、「左上の付箋から順に、書いた人が自主的に話していきましょう。順番は厳密でなくて良いので、自分の番だと感じたら発言の重複を恐れずに話してください」と促します。また、どの付箋を話しているのかわかるように、話している人は付箋を指さすようにしましょう。

対話の内容を可視化する

さっきいいこと言っていたんだけど、なんだったっけ？

　出来事を共有していくうちに、付箋には書かれていなかった情報が引き出されることはよくあります。その内容は新しい付箋に書き出したり、直接ホワイトボードに書き加えたりして、可視化していきます。発言者が発言と可視化を同時に行うのは難しいため、発言者以外が積極的に情報を書いていきましょう。

　後で詳しく話を聞きたい出来事や、アイデアを出すために覚えておきたい内容があれば、記号や印を使って後からわかるようにしておくのも良いでしょう。ふりかえりではさまざまな方向に話が発散するため、少し前に話した内容が何だったか、情報がホワイトボードのどこに書いてあったかを忘れてしまいがちです。覚えておきたい内容に記号や印を付けておけば、その付近を見て、話した内容をすぐに思い出せるようになります。

出来事を掘り下げる

　出来事を共有するうちに「それはなぜ起こったのか？」「その結果どうなったのか？」という深堀りが必要な内容が出てきます。そういった内容は、互いに質問し合いながら、出来事を掘り下げていきましょう。チームにとって成功したことや失敗したこと、そしてその理由を掘り下げていくことで、「チームが次に何をするか」というアイデアを考える材料になります。

ステップ❹ アイデアを出し合う

　思い出した出来事に対して「どんな行動を起こしたいか」というアイデアを検討していきます。アイデアを出し合うためにもいくつかポイントがあります。1つひとつポイントを見ていきましょう。

- チームのためのアイデアを考える
- 自分のためのアイデアを考える
- 一人でアイデアを考える
- チームでアイデアを考える
- アイデアを共有する
- アイデアを発散させる
- アイデアを派生させる
- アイデアを深める
- アイデアを分類する
- アイデアを収束させる

チームのためのアイデアを考える

　アイデアを考えるための**最初の主語は「チーム」**です。「チームが次にすべきこと」「チームが取り組みたいこと」といったアイデアを考えます。

自分のためのアイデアを考える

　もちろん、自分がやってみたいことをアイデアとして出してもかまいません。このアイデアを派生させて、チームのためのアイデアに変換することも可能です。

一人でアイデアを考える

「出来事を思い出す」と同様、一人でアイデアを考える時間を作りましょう。最初から全員で話し合いを始めてしまうと、最初の人が発言した内容や発言力の強い人の意見に影響を受け、アイデアの方向性が1つに固まってしまいます。また、意見の強い人のアイデアばかりが選ばれてしまいがちになります。

チームでアイデアを考える

チームでアイデアを検討します。チームで対話しながら、新しいアイデアを作り上げていきます。発言したアイデアは可視化し、霧散してしまわないように気をつけましょう。

アイデアを共有する

アイデアをチームで共有します。すべてのアイデアを1つずつ説明していくか、時間が足りない場合には、アイデアを書いた付箋をホワイトボードに貼り出して、全員で付箋を眺めます。意図がわからないアイデアがあれば、アイデアの詳細や意図を聞き合いながら、理解を深めていきましょう。

アイデアを発散させる

アイデアを発散させて考えます。ブレインストーミングのように、自由な意見を歓迎し、さまざまなアイデアを出していきましょう。どんなにくだらないと感じるものでも、効果を生みそうにないと感じるものでも、どんどん書いていきます。アイデアを出すときには、頭の中にあるものをまず手に書いてみましょう[3]。

---

[3]　アイデアの発散には、ブレインストーミングのルールを使うと良いでしょう。ブレインストーミングのルールは、第8章「ふりかえりの手法を知る」の「15 小さなカイゼンアイデア」 p.222 で詳しく説明しています。

アイデアを派生させる

　自分で出したアイデアや、誰かが出したアイデアに、新たに内容を書き加えてアイデアを作ります。または、一部分を変更したものを新しいアイデアとして作ります。

アイデアを深める

　1つのアイデアを具体的に掘り下げていきます。「そのアイデアはどんなものか」「なぜそのアイデアが重要なのか」「アイデアをどのように実現するか」といった問いかけをしていくと良いでしょう。掘り下げた情報は忘れずに可視化します。

アイデアを分類する

　アイデアを共有したり、収束させたりするためにアイデアを分類します。「優先順位」「効果」「影響」「労力」などの軸をいくつか使って、ホワイトボード上にアイデアを分類していきます※4。

アイデアを収束させる

　アイデアの中からチームが取り組むべきものや、チームにとって重要なアイデアをいくつか選びます。もし、選んだアイデアに一人が行うアクションが含まれていても、チームにとって重要だとチームが判断したのであれば、問題ありません。まだアクションは具体化されていなくても大丈夫です。アクションの具体化は次のステップ「アクションを決める」で行います。

※4　アイデアの分類には、第8章「ふりかえりの手法を知る」の「16 Effort & Pain ／ Feasible & Useful」 p.224 、「17 ドット投票」 p.227 の手法が使えます。詳しくはそちらをご参照ください。

ステップ❺ アクションを決める

アイデアの中から、チームが実行するアイデアを選び、「アクション」として具体化、決定します。アクションを決める際のポイントは、7つあります。

- アクションを具体化する
- 実行可能な小さなアクションを作る
- 計測可能なアクションを作る
- すべてのアイデアをアクションにしようとしない
- 短期的・中期的・長期的なアクションを作る
- アクションをその場で試してみる
- アクションを明文化する

アクションを具体化する

アイデアを具体的にし、実行できるようにします。5W1H（Why・What・Who・When・Where・How）を明確にしたり、次に説明する「実行可能」「計測可能」といった観点で具体化したりします※5。

実行可能な小さなアクションを作る

いつもアクションが実行されないのよね

※5　アクションの観点には、第8章「ふりかえりの手法を知る」の「19 SMARTな目標」 p.236 　が役立ちます。詳しくはそちらをご参照ください。

　具体化したアクションは、ふりかえりが終わってすぐチームで実行します。組織に属する大きな問題をすべて解決しようとするアクションや、1か月先になるまで完了できないアクションだと、結局実行できずに何も変化を生み出せない結果になりがちです。アクション1つですべてを解決しようとはせず、少しでも良いので変化を生み出せる、実行可能で小さなアクションを作っていきましょう。

計測可能なアクションを作る

> 「〇〇を意識する」ってアクション、
> 意識できた？

　アクションを実行した際に、アクションによる変化が計測できるような内容のアクションにしましょう。「〇〇を意識する」「〇〇に気をつける」といった意識面が前面に出ているアクションは、その結果が当人にしか計測できません。明確な行動に移せて、その結果がわかるようなアクションを作っていきましょう。

すべてのアイデアをアクションにしようとしない

　一度に多くのアクションを実行すると、どのアクションがチームに良い影響を与えたのか、あるいは悪い影響を与えたのかがわかりにくくなります。また、うまくいかなかったアクションがある場合に、「その1つだけを元に戻す」ことが難しくなります。さらに、アクションが多ければ多いほど、1つひとつのアクションに意識が向きにくくなり、アクションの実行が忘れ去られやすくなるというデメリットもあります。

> いいアイデアいっぱい。
> 捨てるのがもったいないよ！

　出てきたアイデアを全部使いたくなる気持ちはわかりますが、全部を検討して実行するには時間がいくらあっても足りません。優先順位を付けて、チームにとってまず必要となるアイデアを具体化するようにしていきましょう。一度のふりかえりで出すアクションは最大でも3つ程度にしてください。慣れないうちは、1つのアクションでも十分です。

短期的・中期的・長期的なアクションを作る

ふりかえりのアクションは、3つに分類して作りましょう。

- **短期的なアクション**：すぐに実行でき、効果がすぐにわかるもの
- **中期的なアクション**：すぐには実行できないが、そのうち実行して効果を測りたいもの
- **長期的なアクション**：大きな変化を起こすために段階を踏んで行うもの

　ふりかえりで毎回作るのは短期的なアクションです。短期的なアクションは、ふりかえり後にすぐ実行するか、次のふりかえりまでに実行できるようにタスク化して全員で取り組みます※6。

先のアクションを決めても、忘れちゃう…

　すぐに実行が難しいものは、中期的なアクションとして忘れないようにタスク化して残しておきます。組織的な問題や、プロセスの大きな改修に切り込むために大きな労力を必要とする長期的なアクションは、チームの目標として作成してチーム

※6　スクラムの場合は、ふりかえりのアクションをスプリントバックログに取り込んで次のスプリントに実行しても良いでしょう。スクラムを実践している人は、第12章「スクラムとふりかえり」 p.287 も参考にしてみてください。

が参照可能な場所に掲示しておきましょう。

　長期的なアクションは具体化されていなくてもかまいません。毎回のふりかえりの中で、長期的なアクションを少しずつ切り崩していくために、どのような短期的なアクションを実行すれば良いかを検討すると良いでしょう。短期的なアクションの結果、長期的なアクションに軌道修正が必要な場合は、定期的にアクションの見直しを行います。

アクションをその場で試してみる

　時間が許せば、作ったアクションをふりかえりの中で実行します。たとえば「タスクボードのレイアウトを変える」といったアクションであれば、その場でタスクボードのレイアウトを変えてしまうか、変更した後のタスクボードのレイアウトの絵を描いてから、「チームが新しいタスクボードを使ったときの姿」を想像してみれば良いのです。その場で使いやすいレイアウトだとわかればそのまま使えば良いですし、少し手直ししたほうが良いとわかれば、その場で修正できます。

　実際にアクションとして行う前に、このようなウォークスルーを行うと、不明瞭な点が洗い出されるだけでなく、よりチームが動きやすくなるアクションを作成できます。

アクションを明文化する

　作ったアクションは、付箋やカードなどに大きく書き出しておきます。もしタスクボードがあるチームであれば、タスクボードに作ったアクションを貼り付け、すぐに実行できるようにしましょう。

　ポイントは、**チームのよく目に触れる場所に貼る**ことです。いつでも目に触れるようにすると、アクションが無意識的に実行に移されやすくなります。1日に何度も目にするタスクボードや、何度も通る廊下、チームで使うチャットツールのヘッダー、いつもアクセスするWikiのトップページなど、掲示する場所を色々工夫してみてください。

ステップ❻ ふりかえりをカイゼンする

ここまでの一連の流れで行ったふりかえりを、今一度見つめ直します。「どんな目的を持って、どのような構成にしたか。それはうまくいったか」「それぞれの手法の特性は何だったか。次はどこをカイゼンすればより良くなるか」など、「**ふりかえりのふりかえり**」をすることで、ふりかえりは加速度的に良いものになっていきます。ふりかえりの写真を残しておくだけでも、チームの変化を定性的に観測できます。

このステップでは、「ふりかえりそのもの」や「ファシリテーター」に対するフィードバックをします。ここで得られたフィードバックは次回のカイゼン点として、ふりかえり自体のカイゼンに繋げていきます。

このステップでのポイントは、以下の4つです。

- ふりかえりそのものをふりかえる
- ふりかえりの様子を残す
- 前向きな気持ちで仕事を始められるようにする
- 次回のふりかえりに活かす

ふりかえりそのものをふりかえる

「ふりかえりそのもの」をふりかえります。この活動が抜け落ちてしまうと、ふりかえりが徐々にチームの現状に合わないものになっていき、ふりかえりが形骸化していきます。ふりかえりの最後の5分だけでも良いので、ふりかえりの中でうまくいった点やカイゼンしたい点を話し合いましょう。ふりかえりの進め方や、ふりかえりの中でのチームメンバー同士のやりとり、問いかけの仕方などについて話し合うと良いでしょう。

今回のふりかえりはうまくいったのかなぁ？

　ふりかえりの構成や手法の感想についても話し合ってみましょう。今日のふりかえりは、チームの状況や状態にマッチしていたのか。別の観点でのふりかえりをしたほうが良かったのか。今回の手法は実践してみてどうだったか。こうした内容を話すことで、ふりかえりそのものや手法への理解が深まります。

　また、ファシリテーター、ファシリテーションに対するフィードバックをし合ってみましょう。どんな問いかけが思い出しを深めてくれたか、どんな発言が場を活性化させてくれたか、などを話し合えば、次のふりかえりでもチーム全員の間で良い場を作ろうという意識が働きやすくなります。

　また、ふりかえりの準備や道具に関する話をするのも良いでしょう。どうやって準備をすると良いか、足りない道具はなかったか、次にやってみたいこと、などを話します。もし一人でふりかえりの事前準備を行っていたのであれば、どのように事前準備をしていたのか、この場で共有すると、チームメンバーからの協力を得やすくなります。

　話し合った内容は、その場ですぐにカイゼンに移すか、次回のふりかえりのために付箋で残しておきましょう。

ふりかえりの様子を残す

　ふりかえりをした際の写真や、ふりかえりに使ったホワイトボード、オンラインで使ったテキストメモなどを残しておきましょう。ちょっとしたひと手間ですが、次回のふりかえりを始める前に見返せば、「ふりかえりのふりかえり」をした結果を活かしやすくなります。また、しばらく経ってから見返すことで、自分たちのふりかえりがどう変わってきたのかを確認でき、成長を実感できます。

前向きな気持ちで仕事を始められるようにする

　ふりかえりの最後には、互いへの感謝を言い合ったり、これからの期待を話し合ったりするのも良いでしょう。前向きな会話をしてからふりかえりを終了すれば、次の仕事も前向きに始められるようになります。ふりかえりの最後に気持ちを切り替えるための会話をしてみましょう。

次回のふりかえりに活かす

　「ふりかえりのふりかえり」を行い、次回のふりかえりでカイゼンすべき内容が出たら、その内容を次回に活かします。このカイゼン内容も、アクション同様具体的にできると良いでしょう。

ふりかえりのカイゼンはいつやるの？

　ふりかえりのカイゼン内容は次回のふりかえりの前に確認すれば、「ふりかえりの事前準備をする」ための情報として役立ちます。すぐに実行できる内容であれば、ふりかえり終了後にすぐに取り組んでしまいましょう。

ステップ❼ アクションを実行する

　ふりかえりの終了後に、「アクションを決める」で決定したアクションをチーム全員で実行します。アクションを実行すれば、結果の良し悪しにかかわらず、チームに変化が起こり、チームを前進させることができます。アクションを実行する際のポイントは、以下の6つです。

- アクションを最優先事項としてタスク化する
- アクションをすぐに実行する
- チーム全員でアクションの実行をフォローする
- アクションを実行した結果をふりかえる
- 仕事の中でアクションをカイゼンする
- 定期的にアクションの効果をふりかえる

アクションを最優先事項としてタスク化する

アクションは出したけど、
仕事優先…だよね？

　アクションはチームの最優先事項として扱います。仕事を始める前に、ふりかえりのカイゼンをまず実行できるよう、タスク化しましょう※**7**。

アクションをすぐに実行する

　ふりかえりで作成したアクションは、ふりかえり終了後すぐに実行します。カイ

※**7**　スクラムの場合は、ふりかえりのアクションをスプリントバックログに取り込んで次のスプリントに実行しても良いでしょう。スクラムを実践している人は、第12章「スクラムとふりかえり」 p.287 も参考にしてみてください。

ゼンが後回しになってしまうと、「次回のふりかえりまでに何も変わらなかった」という事態になりがちです。全員で協力して、積極的にアクションを実行していきましょう。

とはいってもアクションをやるのが大変そう…

アクションよりも仕事を優先したくなる気持ちが生まれてしまうのは、アクションが大きすぎるか、具体的でないため、「アクションが大変なもの」という意識があるからかもしれません。最初は5〜10分で実行できるアクションでかまいません。一歩ずつでも踏み出せるアクションを作り、ふりかえり直後に実施しましょう。ふりかえりの直後に10分程度の時間を割くことへの抵抗は少ないはずです。**アクションを作ったら必ず実行する。** それが大事だということを肝に銘じてください。

今すぐにできないアクションは
どうすればいいの？

「次回の〇〇イベントのときに〇〇をする」というアクションのように、アクションの実行にトリガーがある場合は、トリガーが発生したらすぐに動けるよう、朝会※8で毎回アクションを共有したり、タスクボードに大きく付箋で貼っておいたり、チャットでbotがアクションを促すようにしたりと、アクションを誘発できる仕組みを作ると良いでしょう。

※8　スクラムの場合は、デイリースクラムで確認するのも良いでしょう。

チーム全員でアクションの実行をフォローする

　アクションはチーム全員で行うものと、一人で行うものに分かれます。一人で行うものは、実行の可否はその人に依存しがちですが、「その人の責任だから」といって無関心になってはいけません。一人で行うものだとしても「チームが変わるためのアクション」には変わりませんので、アクションを実行できるよう、チーム全員でフォローしましょう。

　フォローの方法は何でもかまいません。応援したり、アクションを手伝ったりと、チームメンバーがそれぞれできる形でフォローしていきましょう。

アクションを実行した結果をふりかえる

　アクションを実行したら、その結果何が変わったのかを確認します。この確認のタイミングは、最遅で次回のふりかえりです。可能であれば、アクションを実行してすぐにチームの中で変化を話し合ったり、朝会※9の中でアクションの結果を話し合ったりするなど、変化について共有しましょう。

> アクションの結果を
> どう次に繋げるんだろう?

　良い変化が得られた場合、悪い変化が得られた場合、何も変わらなかった場合、いずれにしても、

- どのような変化が起こったのか
- なぜその変化が起こったのか、起こらなかったのか
- 狙った変化は起きたか
- 次はどのようなアクションに繋げられそうか

を話し合います。

※9　※8同様、スクラムの場合は、デイリースクラムで確認するのも良いでしょう。

実行したアクションを土台にして、アクションそのものをカイゼンしても良いですし、元に戻すという判断をしても良いでしょう。アクションを実行した結果どのような反応が起こったのか、という経験を積み重ねていくことで、次のアクションを計画する能力が上がっていきます。これを繰り返すことで、チームに起こす変化を少しずつ大きく、かつ上手に変化させていくことが可能になります。

仕事の中でアクションをカイゼンする

もし次回のふりかえりまでにアクションを実行できたら、アクションの結果を受けて、ふりかえりを待たずにカイゼンするのも良いでしょう。大きな変更はせず、軌道修正を行います。チームにとって良い結果を得られるよう、または学びが得られるように少しずつ軌道修正をしていきます。

定期的にアクションの効果をふりかえる

いっぱいアクションしてきたけど、
どれがうまくいっているんだっけ？

1か月に一度のタイミングなど、中長期のタイミングで、これまで実行してきた複数のアクションの結果と効果をふりかえります。得られた効果や、アクションが継続的に行われているか否かを確認し、今後のアクションを作る際の方針や、アクションを作るプロセスを見直すきっかけにします※10。

また、長期的な目標があれば、その目標に向かえているかどうかを見直し、目標をブラッシュアップするほか、短期的なアクションを作る方針にも利用します。

※10　アクションの見直しは、第8章「ふりかえりの手法を知る」の「10 アクションのフォローアップ」 p.194 で詳しく解説しています。

FURIKAERI column

ふりかえりの対象期間を変えてみよう

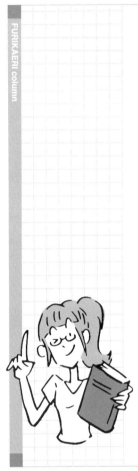

　ふりかえりを定期的にできるようになったら、ふりかえりの対象期間を変えてみましょう。ふりかえりの頻度や回数は変えずに、出来事を思い出す対象期間を変えていきます。今まで1週間に一度、1週間分のふりかえりをしていたのであれば、1か月に一度は、1か月分のふりかえりをする、といった具合です。

　ふりかえりの対象期間を変えてみると、短いサイクルのふりかえりでは見えてこなかったチームの変化や成長を確認できるようになります。また、見えていなかったリスクや問題に気づくきっかけにもなるでしょう。また、普段とは違う未来を見据えたアイデアも出しやすくなります。

　対象期間が長い場合は、中期的・長期的なアクションを検討するようにします。また、ふりかえりの中で、前回の中期的・長期的なアクションの実行状況を確認するのも良いでしょう。

　ふりかえりの対象期間は、1週間、1か月、3か月、6か月、1年がおすすめです。徐々に長い期間でふりかえり続けることで、さまざまな経験が統合され、より具体的で再現性の高い知識・経験則が作り上げられていき、チームの力が強化されていきます。

Chapter 05

オンラインで
ふりかえりをするために

オンラインのふりかえりに必要なことって？
　事前準備を入念にしよう
　1対1対1のレイアウトを作ろう
　指示語は使わず言葉かカーソルで伝えよう
　慣れないうちは普段よりも時間を多めに取ろう
　テキストと音声コミュニケーションを適度に
　　使い分けよう
　音楽を流すときは気をつけよう
　各種ツールの利点を理解して使いこなそう

オンラインのふりかえりに必要なことって？

顔を突き合わせてふりかえりを行えない環境の場合、どのような点に気をつければ良いのでしょうか。

事前準備を入念にしよう

オンラインでふりかえりをする場合、利用するツールのログインや動作確認はしっかり済ませておきましょう。ふりかえりの時間の中で初めて使う、という人が一人でもいると、セッティングのためだけに5〜10分程度取られてしまうことがあります。

事前に招待リンクを送って、全員がログインできることを確認したり、オンラインホワイトボードツールで付箋を作るテストをしてもらったり、とふりかえりをすぐに始められるように準備をしておきましょう。

1対1対1のレイアウトを作ろう

一人だけオンラインで、他のメンバーがオフィスに集まっているような「1対多」の状態だと、オフィス側のメンバーで話が盛り上がってしまい、オンラインのメンバーがついていけない状況が生まれてしまいがちです。もし、そのような問題が発生しそうな場合は、全員がオンライン用のツールを通じて話をするような「1対1対1」のレイアウトにするのも効果的です（図5.1）。「1対1対1」のレイアウトでは、全員で1つの話題のみを話し合っていくため、話についていけずにふりかえりへの集中力が切れて脱落してしまうことを防げます。

別のケース※1として、オフィス間で通信している「多対多」のパターンもあります。この場合は、全員が自分のPCから繋いで「1対1対1」のレイアウトにするか、大きなディスプレイとカメラによって疑似的に1つのオフィスにいる状況を作るのがおすすめです。

オンラインの場合、チームの特性や練度によってもやりやすいレイアウトが変わりますので、レイアウトもふりかえりの中で少しずつカイゼンしていきましょう。

※1　オンライン環境におけるレイアウトのさまざまなケースは、以下のWebサイトで見ることができます。この章で紹介しているのは「Satellite workers」「A multi-site team」「A Remote-first team」です。
　　○Remote versus Co-located Work
　　https://www.martinfowler.com/articles/remote-or-co-located.html

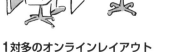
1対1対1のオンラインレイアウト

図5.1　オンラインのレイアウトもふりかえりをしやすい形にしていこう

指示語は使わず言葉かカーソルで伝えよう

　全員で同じ場所にいてふりかえりをしていれば、指を差して「あれ・これ」といった指示語でも通じていたものが、オンラインだと伝わらなくなります。指示語を避けて、1つひとつしっかり伝えるようにしましょう。また、共同編集型のツールを使っている場合であれば、ツールによっては参加者のカーソル位置が見える場合があります。どこを話しているのかを伝えるために、カーソル位置を動かしながら話すようにしましょう。

慣れないうちは普段よりも時間を多めに取ろう

　オンラインでは、ネットワークの関係で話が途切れてしまったり、同時に会話ができなかったりと、どうしても時間がかかりがちです。慣れないうちは、オフラインのふりかえりで行っている内容を同じようにオンラインでやろうとすると、1.2〜1.5倍程度の時間がかかります。長めに時間を確保しておき、十分に対話できるようにすると良いでしょう。

テキストと音声コミュニケーションを適度に使い分けよう

オンラインでの利点は、テキストによるコミュニケーションにあります。議論の最中にも、ホワイトボードツールやWikiなど、共同編集可能なツールを使って、全員でどんどんコメントを書き込んでいくことで、オフラインの付箋では表現できない量の情報を表現可能になります。音声コミュニケーションをしている人以外は、テキストで情報の補助をするなど、うまく使い分けながらふりかえりを進めましょう。

音楽を流すときは気をつけよう

オフラインと違い、音楽はネットワークを通じて相手の耳に届くため、ノイズになり、ストレスを与えやすくなります。音楽を流したいときは、ふりかえりの支障になっていないか全員に確認してから流してください。もし一人でもストレスを感じる人がいるのであればやめましょう。

各種ツールの利点を理解して使いこなそう

環境によっては、社内のセキュリティルールなどで特定のツールしか利用できない場合もあります。その場合は、各種ツールでの利点を理解したうえで、社内で使えるツールを最大限使いこなしましょう。それぞれのツールの利点と簡単な使い方を紹介します。

音声通話ツール

Zoom、Microsoft Teams、Google Meet、Discordなどのツール。音声通話に加え、ビデオ機能や画面共有機能を使えるものがほとんどです。ふりかえりの最中には、全員マイクは常時着けておき、可能であれば顔も見せられるようにすると、コミュニケーションが格段にやりやすくなります※2。

※2　顔を映すことに抵抗があれば、FaceRig（バーチャルのアバターを表示させて、顔の動きとアバターをリンクさせるツール）でも顔を表示するのとほぼ同等の効果を見込めます。顔や口の動きや、視線などがわかるだけでも、コミュニケーションがグッと取りやすくなります。

　どのツールも先述の機能は揃っていることが多いため、顔を表示して互いの反応をわかりやすくする、必要に応じて画面共有をする、というように、使える機能を把握して色々使ってみると良いでしょう。スタンプや絵文字などで「反応」を送れる機能や、デスクトップの操作権限を取得できる機能があるツールもあります。これらを使うと、オフラインではできなかったコミュニケーションも可能になります。

┃ チャットツール

　Slack、Microsoft Teams、Google Chat、Chatworkな ど の ツ ー ル。チャットツールを使ってふりかえりをする場合は、アイデアをいくつもまとめて書くのではなく、1つずつ分けてコメントしていきましょう。1つひとつのコメントに対して絵文字などで反応を付けることで、どのアイデアが良いのかが一目でわかるようになります。スレッド機能がないチャットツールだと、どうしても議論が流れてしまいがちになるため、音声により情報を補完しながら進めていくと良いでしょう。

┃ 共同編集型のテキストツール・Wiki

　Confluence、Google Docsなどのツールや、Boxなどのファイルの共同編集が可能になるファイル共有ツール。比較的自由度の高いふりかえりが可能です。文字の強調、下線、文字色などをうまく使えば、入力した人を区別できるほか、●マークをドットシール代わりに使って投票するなども可能です。ツールによっては、どの部分を誰が編集しているのかを可視化するカーソルが用意されており、チームが同時に書き込んでいる様子がわかります。

　付箋よりも情報量を増やしやすくなるのがテキストツールの利点であり、表や絵文字などを使えば、オフラインにはないコミュニケーションの取り方が可能になります。

┃ タスク管理ツール

　Jira、Trelloなどのツール。タスクのスイムレーンを利用すれば、KPT p.198 のような手法も可能になります。タスクのタイトルで1つのアイデアを表現すると良いでしょう。

共同編集型のホワイトボードツール

　Miro、MURAL、Google Jamboardなどのツール。オフラインで付箋を使う状態とほとんど変わらないコミュニケーションが可能です。付箋の色や大きさを工夫すれば、書いている人を区別したり、書いている内容を分類したりできます。

　オフラインでは実現しにくかったり面倒だったりする、

- 付箋を複数選択して一括移動
- 付箋の内容を修正する
- 付箋の色を変える
- 誰が書いたかわかるようにタグを付ける
- 絵文字によるコミュニケーション
- PDFファイルへのエクスポート

などの操作もツールによっては実現可能です。これらのツールならではの特色を活用して、オンラインでしかできないふりかえりを模索してみてください。

　また、ツール側で提供しているふりかえり用のテンプレートを使えば、ふりかえりの事前準備を短縮できたり、新しいふりかえり手法に出会えたりすることもあります。また、自分たちの普段のふりかえりに取り込めるような考え方が見つかるかもしれません。

FURIKAERI column

オンラインホワイトボードツールの活用術

　オンラインのホワイトボードツールの便利な使い方を、いくつか紹介します。

形の違う付箋。付箋というと四角形のものを想像しがちですが、ツールによっては円形の付箋も利用できます。円形の付箋は、上下左右ナナメのどの位置にも付箋同士を繋げやすく、付箋同士の関連を表現しやすくなります。また、四角い付箋と比べるとポップでやわらかい印象を与えるため、アイデアをたくさん出すような場で使うと、普段と違った視点のアイデアが出やすくなります。

タイマー機能。時間を設定してタイマーをオンにすると、全員の画面に表示できます。タイマーが0になったときに音が鳴るように設定できるものもあり、時間を管理するのに役立ちます。

絵文字を使った投票。付箋に絵文字で反応できる機能を使えば、絵文字で投票ができます。この機能がない場合は、円形のオブジェクトや絵文字オブジェクトを使って投票します。

マインドマップやカンバンなどのテンプレート。文字を書き出していくと、自動でこれらのテンプレートに合わせて整形してくれるツールもあります。KPT p.198 のように問いの数が決まっているものであれば、カンバンのテンプレートに合わせて行うことも可能です。

　オンラインホワイトボードツールにはまだまだ多くの機能があるので、ツールの公式ドキュメントを読みながら、さまざまな使い方を試してみてくださいね。

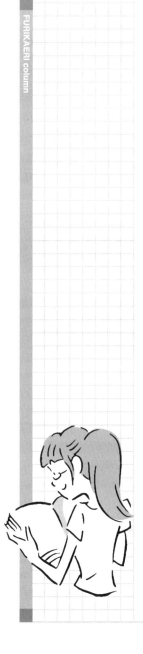

Chapter 06

ふりかえりの
マインドセット

変化と成長を加速させるマインドセット

受容する

多角的に捉える

学びを祝う

小さな一歩を踏み出す

実験する

高速にフィードバックを得る

変化と成長を加速させるマインドセット

ふりかえりでは、失敗にも向き合う必要があります。そんなとき、どんなマインドセットを持てば良いのでしょうか。

ヒカリさん…！

ヒカリさんみたいな
捉え方いいなあ

ギモンくんやヒカリさんのように、
人それぞれ違う視点がありますね
いろんな面からみるとまた違った
気づきが得られ　そうですね

物事

私は楽天家なところもあるから、
ギモンくんみたいにズバッと
言ってくれるのは助かるよ！

そういう
ものですか
ねえ

みんな視点が違う
からいいんだよね

視点や心の持ちよう
を変えてみるのは、
ふりかえりでも
大事なことだなあ

視点を変えて
みる、か…

最近仕事が物足りなかったから、
これくらいがちょうどいい
ですよ！

そういうこと？

　チームでふりかえりをするうえで大切にするべき、6つのマインドセット（思考・心理状態）があります。この章では、これらを1つずつ紹介していきます。ふりかえりをする前にチームでこれらのマインドセットを確認したり、「ふりかえりの場を作る」際にチームで話し合ったりすると良いでしょう。

- 受容する
- 多角的に捉える
- 学びを祝う
- 小さな一歩を踏み出す
- 実験する
- 高速にフィードバックを得る

受容する

　ふりかえりでは、自分やチームが経験した成功や失敗、すべての事象に向き合います。このとき、自分が関わった失敗があると、どうしても目を背けたくなってしまうものです。思いがけずミスを起こしてしまったときや、色々な事象の結果積み重なって起こってしまった失敗の大元が自分だったときのことを想像してみてください。これらのマイナスの出来事をふりかえりの場で目の当たりにすると、自分が責められている感覚を受けて、つらい気持ちになってしまう人もいることでしょう。ただ、そこで失敗から逃げ続けてしまっていては、次のカイゼンには繋がらないだけでなく、また同じような失敗を繰り返してしまうかもしれません。

　このとき、大切にしてほしいのは**あるがままをチームで受け止める**ことです。自分一人でその事実を受け止められなくても、チームなら受け止められます。「起こってしまった失敗」を1つの「出来事」として客観視して受け止めます。客観的に物事を捉え、自分を「出来事における登場人物の一人」としてメタ的な視点で捉えることで、冷静に事象を分析する意識を持つことができます。冷静になった状態で、

- なぜその出来事が起こったのか
- 次により良くできるとしたら何ができるか

ということを分析します。その「何をするか」という未来のアクションが、失敗を力に変えてくれます。

あなたがチームメンバーの失敗に向き合うときにも、**チームとして**あるがままを受け止めることが大切になります。個人の失敗ではなく「チームで起こった失敗」として受け止めるのです。

失敗への非難や、人格を否定するような発言をしてしまった経験はないでしょうか。または、そういったことをしている人を周囲で見かけたことはないでしょうか。そのような発言や行為は人を委縮させ、成長を阻害します。周りの人にとっても聞いていて気持ちの良いものではありません。非難や否定ではなく、事実を全員で受け止め、客観視し、冷静になります。そして次にどうすべきかを考えていくほうが生産的であり、より良いチームをつくっていくことができます。

この「あるがままをチームで受け止める」という受容の精神によって、自身やチームの現状を認識することを繰り返すと、「こういうときには自分やチームはこう考える・動く傾向がある」という**メタ認知**が生まれます。メタ認知によって、チームの行動原理を客観視できるようになると、チームの行動をより意識的にカイゼンしていけるようになります。それが、チームの成長をさらに加速させてくれます。

多角的に捉える

物事は表裏一体です。ある出来事を見たとき、見る角度によっては「うまくいかなかった」部分もあれば「うまくいった」部分もあるはずです。

小さな子どもがペットボトルの水をコップに注いでいる姿を想像してください。コップに直接水を注ぐことには成功しましたが、勢いが強く、コップから水がこぼれました。その様子を見ていたあなたは、その子どもになんと声をかけるでしょうか。想像してみてください。

いくつか回答例を見てみましょう。

- 水をこぼしてしまったね／水がコップに入ったね
- あーあ／すごいね
- 気をつけようね／もっとやってみよう
- 次はどうすればこぼさないかな？／全部水を入れるにはどうすればできそうかな？

　「水をこぼしてしまった」ことを問題として「次はこぼさないようにね」と優しく注意する人もいます。そうすると、子どもはこぼさないようにそっと水を入れるようになったり、注意されないようにコップで遊ぶのをやめたりするかもしれません。

　見方を変えてみましょう。少しでも水をコップに直接注ぎ込むことは成功しているのです。こぼしてしまったものの、コップに水は残っています。子どもには、「うまくコップに入れることができたね。次は全部コップに水を移すためにはどうすれば良いかな？」というように、できたところと、次のカイゼンのための考えるきっかけを与える方法もあります。そうすると、子どもは注ぎ込む高さを変えてみたり、大きいコップに変えてみたり、というふうに試行錯誤しながら実験をし始めます。

　これが「多角的に捉える」ということです。そして、この話はチームでも同じです。人それぞれ思考のタイプが異なるため、事象を前にしたとき、「うまくいかなかった」という失敗に目が行く人もいれば、「うまくいった」という成功にフォーカスする人もいます。ほとんどの物事に100%の失敗、100%の成功はありません。悪いところばかりに目が向けられているのであれば、意識的に良いところに目を向けてみたり、逆に成功だと思っていることの中から課題を見つけてみたり、という考え方をしてみましょう。

　多角的に捉えるための1つ目のポイントは、**見ている立場を変える**ことです。先ほどの子どもの例であれば、「親の立場だったら」「子どもの立場だったら」「子どもの友達の立場だったら」「教師や保育士の立場だったら」と立場を変えると、見えるものが変わります。チームでのふりかえりの際にも、自分での目線、チームメンバーでの目線、チームとしての目線、ステークホルダーからの目線、というふうに立場を変えてみると、さまざまなアイデアが出てくることでしょう。

2つ目のポイントは、**自分の思考と発想の癖を知る**ことです。そして、自分のよく考える方向とは違う方向へ思考を向けてみましょう。普段とは違う見方を使えば、新しい発見があります。さまざまな視点を使えば、成功した事例をよりカイゼンして伸ばしたり、失敗から得られた学びをより最大化して次に活かしたりできるようになります。

3つ目のポイントは、**チーム同士で引き出し合う**ことです。「自分の思考と発想の癖を知る」と同様、チームメンバーの癖にも目を向けてみましょう。そうして、相手が発言した内容を尊重したうえで、それとは別の観点へと問いかけをします。チームメンバー同士で相互に問いかけをするようになれば、一人では予想もできなかったような意見やアイデアを引き出せるようになります。

学びを祝う

通常、失敗は怖いものです。失敗を非難するような人がいる職場では、部下は失敗しないように「これまで怒られなかった行動をなぞる」だけの保守的な考え方になっていきます。怒られないように失敗を隠すようにもなり、重大な問題の発覚が遅くなるという弊害も生まれます。

これらを払拭するのが「学びを祝う」という考え方です。自分やチームに起こった出来事から「学びがあった」「カイゼンのチャンスが生まれた」と捉えて、学びを祝い合います。学びを祝う考え方になると、成功や失敗をチームの学びに変換できます。失敗すらも早い段階にチームで共有できるようになり、大きな痛手を被る前に対策を打ちやすくなります。また、失敗を恐れずに新しいことにチャレンジできるようになります。新たなチャレンジはさらなる学びや気づきを生み、その学びや気づきが新しいチャレンジを生む、というループを作り出すことができるのです。

「学びを祝う」考え方をチームの指針とすることで、成功・失敗にかかわらず、より前向きなアイデアを生み出しやすくなるでしょう。

小さな一歩を踏み出す

ふりかえりでは**一歩ずつ変化する**ことが重要です。経験から得た学びの中から、明日の自分やチームが少しでも成長できるような、カイゼンのアイデアを生み

出していきます。

　チームに問題が起こっているとき、それをすべて解決しようとすると、問題が大きすぎて手が出にくくなったり、問題が解決できなくてモチベーションが下がったりしてしまうこともあります。こういう場合は、問題をすべて解決しようとせず、どこか一か所でも良いので変化を起こせるアイデアを出すようにしてみましょう。変化を起こすことで、問題をどう切り崩していけば良いかの糸口がつかめるほか、問題の本質が見えてきてアプローチしやすくなる場合があります。

　ふりかえりの中で「この1週間、良いところは何もなかった」という感想が続いてしまう状況でも、「1％の変化を探し、1％だけどこかを変えてみる」ことはそれほど難しくありません。水面に小石を投げて波紋を起こすと、波紋が重なって大きな波紋になるように、少しずつの変化を続けていきましょう。成長を感じられないようなほんの小さな変化だとしても、その変化を続けていけば、やがて大きな変化が生まれていきます。そしてその変化が実感できるようになれば、成長の実感に繋がり、「新しい何かをしてみよう」というさらなる成長へのモチベーションが生まれます。

　ふりかえりでは大きなことをしようとする必要はありません。少しずつでも良いので、日々の活動の中から学びや気づきを得て、それを次の行動に繋げていきましょう。

実験する

　小さな実験をしてみましょう。実験とは**成功するか失敗するかわからないけれど、何かの変化を起こすためのチャレンジ**のことです。1％の変化を起こすためのチームの行動は、実験になっているでしょうか。確実に成功することが見えているカイゼンを続けていくと、いつか壁に当たり、成長は頭打ちになります。そこで壁を壊して先に進むために必要なのが「実験」です。

　大きく実験しようとすると、たいていの場合は失敗します。小さく実験を繰り返し、「どうやったら失敗しやすいのか」「どうしたら失敗しても痛手を負わなくなるのか」ということをチームの経験則として育てていくことが大事です。

　また、実験はチームのモチベーションを向上させます。「やりたい」「やってみよう」という新しい取り組みを続けていると、「もっとやってみたい」「さらに新しい

ことを」という新しい欲求が生まれます。実験は実験を加速させるのです。

　実験の繰り返しで得られた成功と失敗は、より大きな学びへと変換できるように
なります。そうした実験から生まれた学びが、壁を壊し、飛躍的な成長へと繋がっ
ていきます。

高速にフィードバックを得る

　アクションから得られた結果に対して、可能な限り早くフィードバックを得る
ようにしましょう。アクションの結果を客観的に見て、チーム内で互いにフィー
ドバックをしあっても良いですし、他者からのアドバイスや意見を求めてフィー
ドバックをもらうのも良いでしょう。フィードバックが高速で新鮮であればあるほ
ど、フィードバックによるカイゼンが行いやすくなります。そのカイゼンがまた次
のアクションを生み、大きな学びや気づきを生み出していく好循環が生まれます。

　高速にフィードバックを得るためには、アクションの結果が早くわかる状態にし
ないといけません。アクションが1か月後にならないとできないのか、今すぐにで
も実行できるのか、によってもフィードバックが受けられるまでの時間は大きく変
わります。できるだけ早くフィードバックを受けられるようなアクションを生み出
し、すぐにアクションを実行していくことを意識しましょう。

　中長期的なアクションも、短期的なアクションに分解して、少しずつフィード
バックを得られるようにしましょう。途中でフィードバックを得られれば、軌道修
正が容易になり、理想のゴールへと近づいていけるでしょう。

　互いにフィードバックしあう関係が築けるようになると、コミュニケーションが
活性化し、コラボレーションが生まれやすくなります。チームの中で、こまめな
フィードバックをしあえるような環境を整えていきましょう。

FURIKAERI column

シングルループ学習と
ダブルループ学習

　この章で紹介したふりかえりのマインドセットを持つ
うえで、背景知識として知っておいてほしいのがシング
ルループ学習とダブルループ学習です。

　シングルループ学習とは、行動して起こった結果
を受けて、カイゼンする（戦略を変え、行動を変える）サ
イクルのことです。

　ダブルループ学習とは、シングルループ学習に加
えて、行動の結果を受けて、前提や目的に立ち戻ります。
「そもそもなぜそういう行動をしたのか」「どんな目的で
その行動をしたのか」というところに立ち戻るのです。
そして、カイゼンとして、前提や目的を軌道修正したう
えで、新しい戦略を立て、行動へと移します。

　前提や目的に立ち戻らないと、カイゼンはどこかで頭
打ちになり、止まってしまうこともあるでしょう。そこ
から抜け出すためには、ダブルループ学習や**実験する**
p.140　マインドセットを持ち、既存とは違う戦略を取っ
てみることも必要です。

　第2章のコラムで説明した**経験学習サイクル**
p.42　とともに、ダブルループ学習も意識したうえで、
ふりかえりをして、ふりかえりの効果をより高めていき
ましょう。

Chapter **07**

ふりかえりの
ファシリテーション

ファシリテーションは怖くない

ふりかえりを始めたばかりのころは、ファシリテーションの悩みは色々出てきます。どうやってチームに向き合っていけば良いのでしょうか。

ファシリテーターの心構え

　もし、あなたがファシリテーターをすることになったら、まずは気負わないでください。事前準備からふりかえりの進行、チームメンバーへの問いかけまで、すべて自分一人でなんとかしなければ、と思っていると、ファシリテーターはとてもつらく苦しいものになってしまいます。

　ファシリテーターを初めて行うとき、きっとたくさん不安があることでしょう。まずは、その不安をチームに開示しましょう。不安な部分は、互いに助け合えば良いのです。失敗をしたとしても取り繕う必要はありません。その失敗も経験・学びとして変換し、あなたの気づきをチームメンバーに還元したり、チームメンバーの気づきを還元してもらったりすることで、チームのふりかえりは少しずつ良いものへと変わっていきます。

ファシリテーターは「促す」人

　ふりかえりにおけるファシリテーターの役目は、司会進行ではありません。場を**促す**のがファシリテーターです。発言を促したり、議論を促したり、気づきを促したり、発散と収束を促したり、アクションの具体化を促したり、とふりかえりのさまざまな情報に対してアプローチしていきます。チームがふりかえりをしている様子や、チームメンバーの表情やしぐさなどを観察し、対話を促進していきます。

　あなたが普段の仕事ではあまり使わないスキルが必要かもしれません。ただ、これを重荷に感じるのではなく、ぜひ楽しんでください。あなたがふりかえりを楽しむ姿勢も、ふりかえりを良いものへと促してくれることでしょう。

正解を求めようとしない

　ふりかえりやふりかえりで作るアクションに正解はありません。あなたがもし「チームにふりかえりの中で出してほしいアクション」を心の中に持っているのであれば、それを捨てることから始めましょう。「ふりかえりの正解」を求めてしまうと、チームをその方向に強く牽引・誘導してしまいます。誘導されていると気づいたチームメンバーは良い思いをしませんし、全員でふりかえりをしているのに、

あなただけで最初から出した結論以上の成果が生まれないことになります。

　チームを信頼し、チームに委ねてみましょう。新しい、面白い意見を歓迎し、全員で話し合ってみましょう。そうすることで、想像もつかなかったようなふりかえりの結果が生み出せるようになります。

みんながファシリテーター

　リーダーやスクラムマスターがずっとファシリテーターを行い続ける、ということもありがちな悩みです。チームメンバーに「ふりかえりのファシリテーターは他の人がするもの」という意識があると、リーダーやスクラムマスターが休暇などでいなくなったとき、ふりかえりは途端に開催されなくなります。あくまで「ふりかえりはやらされているもの」であり、「自分たちが自発的に行っているもの」という意識にはなりにくいのです。

　チームメンバーには、**全員がファシリテーターである**という考え方を伝えてみましょう。主体となるファシリテーターが一人いて、それ以外のメンバーは自分の得意な分野でふりかえりをファシリテーションします。

- 意見をホワイトボードや付箋に可視化する
- 意見を引き出す問いを投げる
- 気になるところを掘り下げる
- 発言を絵に表現する
- 場を観察する
- 出てきた情報を整理する

など、思い思いの方法でかまいません。全員がファシリテーターとして振る舞うのです。

　慣れてきたら、主体となるファシリテーターも変えてみましょう。ファシリテーターを経験することで、それまで以上に他の人のことを気にかけ、働きかけることができるようになります。

Chapter 08

ふりかえりの手法を知る

ふりかえりの手法を色々試してみよう

ふりかえりの手法を色々試してみよう

ふりかえりにも慣れてきた。でも少しマンネリ気味。もっと良いやり方はないかなって思ったら。そんなときは色々な手法を試してみましょう。

ふりかえりの手法を知ろう

　ふりかえりには100を超えるさまざまな手法があります。日本で最も有名なの
は**KPT**（ケプト／ケーピーティー）※**1**ですが、KPTにもさまざまなバリエーショ
ンがあります※**2**。なぜ、これほどまでにさまざまな種類があるのでしょうか。

　それは、チームの特性や状況に応じて、新しい手法が生み出されたり、カスタマ
イズされたりしているためです。新しい手法はWebサイトやブログなどで公開さ
れ、多くの人の目に触れられるようになるほか、より効果的なものや汎用化された
ものが書籍に残されています。

　ふりかえりの手法を知ることは、チームがふりかえりをする「目的」を達成する
ための「手段」を増やしてくれます。チームの状況や状態は日々変わり続けます。
ふりかえりをする「目的」もチームの状況や状態に合わせて変わります。今のチー
ムの「状況や状態（目的）」に合わせて「手法（手段）」を選択できたら、ふりかえ
りはより楽しく、効果的なものになります。

　チームで使える手段を増やすためには、素直に「新しいふりかえりの手法を試し
てみる」のも良いでしょう。新しいものをいくつか試していけば、どんなときにそ
の手法が使えるのかが少しずつ見えてきます。もっと良い方法は、ふりかえりの手
法がどのような目的で作られたものなのか、どのような状況で使うと良いのかを理
解したうえで使ってみることです。手法の目的と自分のチームの状況や状態が完全
に一致することはなかなかありません。手法を実際に試してみて、手法の目的と
チームの状況や状態の差分、そして手法の実践結果から得られた学びを結びつけれ
ば、手法をチームの状況や状態に応じてカスタマイズできるようになります。

　この章では、20のふりかえりの手法を利用場面別に紹介しています。どんな場
面で使えるのか、どんな目的の手法なのか、そしてどのように進めていくのかを詳
細に説明していきます。あなたのチームの状況や状態に合わせて、少しずつ新しい
手法を試して、効果的なふりかえりを進めていくうえでの一助としてください。

　この章で紹介している手法は、表8.1にまとめています。

※**1**　「Keep（続けること）」「Problem（問題になっていること）」「Try（試すこと）」の3つの質問でふり
　　　かえる手法。この章の「11 KPT」 p.198 で詳しく説明しています。
※**2**　KPTA、KPTT、TKPT、KWT、KJPT、KWS、KPT as ARTなどがあります。ここでは詳細
　　　には触れませんので、興味があればインターネットで調べてみてください。

手法	ステップ❶ ふりかえりの事前準備をする	ステップ❷ ふりかえりの場を作る	ステップ❸ 出来事を思い出す	ステップ❹ アイデアを出し合う	ステップ❺ アクションを決める	ステップ❻ ふりかえりをカイゼンする	ステップ❼ アクションを実行する
01 DPA		○					
02 希望と懸念		○					
03 信号機		○		○	○	○	
04 ハピネスレーダー		○	○				
05 感謝		○	○	○		○	
06 タイムライン			○				
07 チームストーリー			○	○			
08 Fun／Done／Learn			○	○			
09 5つのなぜ			○	○			
10 アクションのフォローアップ			○	○	○		
11 KPT			○	○	○		
12 YWT			○	○	○		
13 熱気球／帆船／スピードカー／ロケット			○	○	○		
14 Celebration Grid			○	○	○		
15 小さなカイゼンアイデア				○	○		
16 Effort & Pain／Feasible & Useful				○	○		
17 ドット投票	○			○	○		
18 質問の輪				○	○		
19 SMARTな目標					○		
20 ＋／Δ			○			○	

表 8.1　本書で紹介している 20 の手法

ふりかえりの手法の読み解き方

この章では、手法の内容を以下の項目で説明しています。

利用場面

第4章で説明した「ふりかえりの進め方」のうち、どのステップで利用できる手法なのかを紹介しています。対象となるステップはステップ❷〜❻の5つです。

- ステップ❶　ふりかえりの事前準備をする
- ステップ❷　ふりかえりの場を作る
- ステップ❸　出来事を思い出す
- ステップ❹　アイデアを出し合う
- ステップ❺　アクションを決める
- ステップ❻　ふりかえりをカイゼンする
- ステップ❼　アクションを実行する

複数ステップにまたがって利用できる手法もあります。各ステップで使う手法を選択して、内容を確認し、一連の流れを想像してみると良いでしょう。

概要・目的

手法の概要と、何のために使うかという目的を説明しています。こちらには、他の手法との組み合わせ方法も記載しています。色々な組み合わせを試してみると良いでしょう。

所要時間

手法を使うために必要な時間を記載しています。この時間は、5〜9人程度のチームで1週間のふりかえりをする際に必要な時間を記載しています。それよりも人数が多い場合や、長い期間をふりかえる場合には、記載されている時間よりも長い時間が必要なため、注意してください※3。

※3　ふりかえりの対象期間と人数別に必要な時間については、第1章「ふりかえりって何？」の「ふりかえりに必要なもの」 p.12 で詳しく説明しています。

進め方

　手法をどのように進めていけば良いのかについて、手順と目安の時間を記載しています。ふりかえりの中での問いかけの内容や、注意点も記載していますので、初めてその手法を扱う場合は「進め方」に沿って使ってみると良いでしょう。チームで一度実践してみたら、次はチームの状況や状態に合わせてカスタマイズしてみてください。

リカちゃんのワンポイントアドバイス

　手法を使ううえで、大事なポイントを説明しています。陥りがちな問題に対する解決策を提示している場合もありますので、「進め方」と合わせて読んでください。

ふりかえりの手法の選び方

初めてふりかえりをする場合

　あなたがこれから初めてふりかえりをチームで実施するうえで不安があれば、以下の構成にしたがってふりかえりを実践してみてください。

$$\text{DPA} \Rightarrow \text{KPT} \Rightarrow +／\Delta$$
$$\text{DPA} \Rightarrow \text{YWT} \Rightarrow +／\Delta$$

　DPA p.155 によってふりかえりのルールを設定し、**KPT** p.198 、**YWT** p.204 というわかりやすい手法によってアクションを出し、最後に**＋／Δ** p.241 でふりかえりのカイゼンを行う構成です。

　2回目以降は、**DPAを感謝** p.171 に置き換えます。**KPT、YWT**を行った後、**ドット投票** p.227 でのアイデアの絞り込みと、**SMARTな目標** p.236 によるアクションの具体化を行います。ふりかえりに慣れるまではしばらくこのやり方で何度か繰り返してみましょう。

感謝 ➡ KPT ➡ SMARTな目標 ➡ ＋／Δ
感謝 ➡ YWT ➡ SMARTな目標 ➡ ＋／Δ

　ふりかえりに慣れてきたら、各ステップに最適な手法を探して、新しい手法に置き換えて試してみてください。ふりかえり手法の組み合わせについては、第10章に構成例をいくつか載せています。そちらもあわせて試してみると良いでしょう。

ふりかえりをすでに何度か実施している場合

　もし、あなたがふりかえりをすでに実施しており、新しい手法を探しているのであれば、20個の手法の「概要・目的」や図表にさっと目を通してみてください。そして、ふりかえりの各ステップに最適な手法を探したり、気になった手法のページを開いたりして、じっくり読んでみてください。読み終わったらさっそくチームで試してみましょう。初めての手法はうまくいかないこともありますので、「ふりかえりをカイゼンする」 p.115 のは忘れずに行いましょう。

　色々手法を試してみて、チームの状況や状態に応じて使いこなせるようになったら、本書から飛び出して、さまざまな手法を探してみたり、自分で手法を生み出してみたりしてください。本書で紹介している手法は、世界に散らばる手法のほんの一部です。チームみんなで楽しいふりかえりを目指して、チーム独自のふりかえりを作っていってください。そして、困ったときには、この本に立ち戻り、ふりかえりの基本を見直してみましょう。きっと、最初に読んだときには見えていなかったものが、見えてくるようになるはずです。

　もし、ふりかえりの世界をさらに探求していきたければ、第13章「ふりかえりの守破離」 p.295 も読んでみてください。また、巻末の「参考文献」 p.314 にも、ふりかえりの世界にアクセスするための情報が載っています。

第3部

08

ふりかえりの場を作る

出来事を思い出す

アイデアを出し合う

アクションを決める

ふりかえりをカイゼンする

手法 01

DPA (Design the Partnership Alliance)

<table>
<tr><td>手法
01</td><td>**DPA**
（Design the Partnership Alliance）</td></tr>
</table>

利用場面

ステップ❷ ふりかえりの場を作る

概要・目的

DPA（Design the Partnership Alliance）は、**ふりかえりのルールを全員で作り上げる手法**です。ルールを全員で作り上げることで、参加者全員が自身の意思でふりかえりを作り上げているという意識が醸成されます。その結果、ふりかえりの中で活発に意見交換が行われるようになります。

作成したルールは、次回以降のふりかえりで最初に確認しましょう。DPAは初めてふりかえりをする際に活用して、いったんルールを作り上げてから、チームメンバーが入れ替わったタイミングや、1〜3か月に一度ルールを作り直すと良いでしょう。

DPAで決めるのは2つだけです。

- どんな雰囲気でふりかえりを進めたいか
- その雰囲気を作り出すために何をするか

これらの内容について意見を共有し、**全員が合意できるものを選びます。**

所要時間

事前準備は不要です。説明を含めて10〜20分程度で行います。

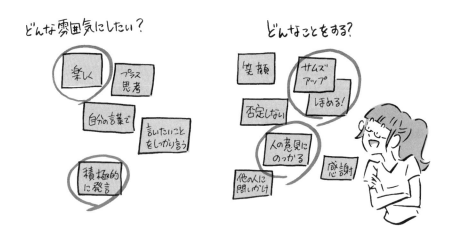

図8.1 **DPA** の例

進め方

❶ 最初の5分で「どんな雰囲気でふりかえりを進めたいか」を話し合います。5分のうち、2分程度は一人で付箋に意見を書き、残りの3分程度を共有と合意のための時間に使います。全員が書いた付箋を共有して、「全員が合意できる」ものだけを選びましょう。合意した意見は丸で囲んだり、マークを付けたりして、わかるようにしておきます。

❷ 次の5分では、「その雰囲気を作り出すために何をするのか」を話し合います。先ほどと同様に2分程度一人での作業、残りの3分程度を共有と合意のための時間にします。「何をするのか」も合意できたら、目立つように合意した意見にマークを付けます。

❸ 最終的に、合意できた意見を、ふりかえり中に視界に入る場所に貼ります。そして、全員で合意した内容を読み上げ、合意した雰囲気や行動をチームで意識しながら、ふりかえりをするように促します。

誰かがルールを破ったときは、無言でルールを指さすと良いでしょう。言葉で注

意せずとも、無言でルールを指さすだけで伝わります。きっと「守れていなかったね、ごめんね」「あはは、ルール破っちゃった。守らなきゃ」と笑顔でのやりとりが行われるはずです。オンラインでのふりかえりの場合は、ルールを破ったら、ルールを書いた付箋や文字列のオブジェクトをチームメンバーから見える場所に移動してくると良いでしょう。それに対して絵文字やスタンプなどで反応すれば、良い雰囲気を作れます。

リカちゃんのワンポイントアドバイス

最初に一人で考える時間を作ろう

　人によって考える方法は違うよね。ヒカリさんみたいに頭の中に浮かんだアイデアをいくつもすぐに出すことができる人もいれば、ギモンくんみたいに頭の中でよく考えてからまとめた意見を1つ出す人もいる。全員がヒカリさんのタイプなら問題ないのだけど、ギモンくんタイプの人がいる場合、一人で考える時間を作らずにいきなり議論を始めてしまうと、声の大きい人に流されて、自分の意見を言いにくくなってしまうよね。必ず、最初に一人で考える時間を作るようにしよう。

全員、一人一言以上声に出そう

　これをふりかえりの最初にしておくと、その後みんなが意見を言いやすくなるよ。きっと、ふりかえりに参加しているって意識が作られるからかな。書いた付箋を、一人ひとりが声に出して共有する。そうして合意に至ることで、その後の意見の交換が活発になり、ふりかえりを円滑に進めやすくなるよ。

ルールが多すぎると大変!

　合意できるものを全部集めて、あれもいいね、これもいいね、で10個くらいの
ルールを作ったことがあるんだ。でも、ふりかえりの時間の中で、ルールをすべ
て意識して進めるのはさすがに無理だった。意識できるのはせいぜい1つか2つで、
さらにほとんどの人はふりかえりの最中にはルールを忘れているよ。ふりかえりを
しながら、ルールがふと目に入って初めて、ルールがあることを思い出せるんだ。
そのときに、10個以上丸やマークが付けられた情報があっても、ルールが多すぎ
て見る気がなくなっちゃう。ルールは「チームにとって一番大切なものは何か」を
選ぶようにして、1つか2つ。多くても3つにしよう。

高速に合意する方法を使おう

　短い時間で、複数の意見の中から全員が合意できるものを選ぶのは、慣れていな
いと苦戦するよね。意見の強い人が「これ、合意でOKかな?」と聞くと、なかな
か反対意見を挙げにくい空気になってしまって、その意見でそのまま決まってしま
うこともある。そして「実は合意していないのだけど…」と心の中で思っている人
がいる。そんな場面もありがちだよね。そういうときには**Roman Voting
（ロマン・ボーティング）** をうまく活用してみてね。
　Roman Votingは、握りこぶしを作り、親指を上に立てる（サムズアップ）か、
下に下げる（サムズダウン）かで、合意かそうでないかを判断するやり方。ただ、
サムズダウンはあまり良い印象を受けない人もいるから、そういったときは手で〇
×（マルバツ）を作るジェスチャーを活用するといいよ。一人でも合意できないア
イデアがあれば、採用するのはやめておこう。全員が一致団結して「やる!」と言
えるものを選ぼう。

ふりかえりの手法を色々試してみよう

第3部
08
ふりかえりの場を作る

出来事を思い出す

アイデアを出し合う

アクションを決める

ふりかえりをカイゼンする

手法
01
DPA (Design the Partnership Alliance)

合意したらみんなでルールを守ろう

「あまり気乗りしなかったがとりあえず合意した」ものだったとしても、全員で決めたものは**どんなに小さなことでも守る**という意識を持とう。まずはルールを守ってみて、行動してみる。そうした小さな行動の積み重ねが、チームに変化を起こせると思うんだ。行動してみて、それがイヤだったのであれば、何がイヤだったのかをふりかえりの中で共有すればいい。そして、ルールを少しずつ変えていけばいいよ。

定期的にルールは更新しよう

最初に作ったルールは、抽象的な表現が多かったり、「これって本当にできるのかなぁ？」って思うものだったりするかもしれない。後からチームに入った人は、「なんでこのルールを守らなきゃいけないんだろう」と考えるかもしれないよね。でも、大丈夫。ルールは一度作ったらそのままじゃないんだ。チームメンバーが増えたり、入れ替わったりしたタイミングで、ふりかえりの最初にまたDPAをしてルールを更新していこう。

ルールを更新するときには、前のルールを見ながら新しいルールを考えていってもいいし、まっさらな状態から作り直してもいいよ。何度もルール作りを繰り返していくと、ルールも具体的になっていくし、チームに今必要なルールが作られていく。ふりかえりへの参加意識も変わっていくんだ。

チームが安定している場合でも、3か月に一度くらいはルールを見直したり、作り直したりしてみよう。

手法

02 ｜ 希望と懸念

利用場面

ステップ❷ ふりかえりの場を作る

概要・目的

希望と懸念は、**ふりかえりのテーマを決めるのに適した手法**です。
チームがこうなりたいという「希望」と、チームが抱えている「懸念」を出し合う
ことで、ふりかえりの中で話し合うテーマを決定します。

「希望」と「懸念」を並列に出しても良いですし、「懸念」を出したうえで、どの
ようにチームが変わりたいかという「希望」を話し合い、その次の手法で「希望」
に対してアプローチしていくのも良いでしょう。または、「希望」を出したうえで、
それに対する「懸念」を出して、「懸念」に対してアプローチしていく方法も採れ
ます。チームの状況や状態に応じてアプローチを変えると良いでしょう。

この手法を使ってふりかえりの最初にテーマを決めれば、その場で決まったテー
マに合わせて、ふりかえりの中での構成や問いを変えていくことも可能です。た
だ、その場で構成を組み立てるのが難しければ、ふりかえりが始まる前に**希望と懸
念**を全員で書き出しておいて、ふりかえりの構成をあらかじめ考えておくと良いで
しょう。

所要時間

事前準備と説明を含めて10 〜 15分程度で行います。

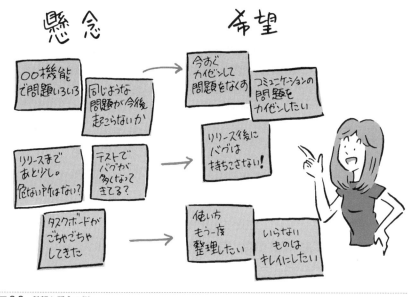

図 8.2 **希望と懸念の例**

進め方

ここでは、「懸念」に対して「希望」を出していくアプローチのやり方について説明していきます。

【事前準備】 ホワイトボードに**希望と懸念**を書くための枠を用意します。

❶ 最初に、2分程度で「懸念」を一人ひとり付箋に書き出します。

- どんな懸念があるか
- どんな問題を抱えているか
- どんな不安があるか
- 今後どんな懸念を生みそうか

といった問いに対して、意見を付箋に書いていきましょう。

❷ 次に、2～5分程度で「懸念」を共有します。一人1枚ずつ、簡潔に付箋に書いた内容を共有しながら、ホワイトボードに貼り付けていきましょう。

❸「懸念」の共有が終わったら、2分程度で「希望」を一人ひとり付箋に書き出します。

- 現状をどのように変えていきたいか
- どのように変わっていると嬉しいか

といった問いに対して、意見を付箋に書いていきましょう。

❹ 再度、2 〜 5分程度で「希望」を共有します。

❺ 最後に、全員で集めた「懸念」や「希望」の中から、今回のふりかえりで話し合いをするテーマを最大2つ決定します。テーマは話し合いで決めても良いですし、投票を使ってもかまいません※**4**。決定したテーマはホワイトボードに大きく書き出し、ふりかえりをする際の問いかけにも使えるようにします。

リカちゃんのワンポイントアドバイス

問題を掘り下げすぎないように注意!

「懸念」は共有するだけに留めて、深く掘り下げるのは後続の手法に任せよう。ありがちなのは、「懸念」を話し合っているうちに1つの個人的な問題の深掘りが始まり、ゴールを決めないままずるずると議論が続いてしまうケース。**希望と懸念**は表層上のテーマを決めることには向いているけれど、問題を掘り下げるにはあまり向いていないよ。**希望と懸念**だけだと問題の要因や構造をうまく可視化するのが難しくて、議論が空中戦になりがち。この場では、参加者全員の共通認識を合わせるための掘り下げだけに留めよう。

※**4**　投票方法は、この章の「17 ドット投票」 p.227 　で詳しく説明しています。

今発生している問題だけに
こだわりすぎないようにね

「懸念」を書き始めると、どうしても現在の問題にフォーカスしがちになるんだ。でも、この手法は、将来の不安や懸念も挙げるところにも価値があるの。問いかけをする中で、「将来」に関する不安や懸念も挙げるよう促してみよう。手法をアレンジすれば、意図的に「現在の懸念」だけを集めたり、意図的に「将来の懸念」だけを集めたりしてからテーマを決めることも可能だよ。チームの状況や状態に合わせて、問いを変えていってみよう。

無理に懸念を出さなくても大丈夫だよ

もし、「懸念」や不安が思い浮かばないのであれば、「希望」を重点的に挙げるようにしてもOK。「(今○○はできていないから)○○したい」というように、「希望」が「懸念」の裏返しになっていることもあるんだ。「懸念」が出なくても、「希望」だけを出していくと、「懸念」に繋がっている意見が出てくることもあるよ。チームの特性に応じて、「希望」に強くフォーカスするかどうかも検討してみてね。

第3部
08
ふりかえりの場を作る

出来事を思い出す

アイデアを出し合う

アクションを決める

ふりかえりをカイゼンする

手法
02

希望と懸念

<table>
<tr><td>手法
03</td><td>信号機</td></tr>
</table>

利用場面

ステップ❷ ふりかえりの場を作る | ステップ❹ アイデアを出し合う |
ステップ❺ アクションを決める | ステップ❻ ふりかえりをカイゼンする

概要・目的

　信号機は、**現在の心境を信号機の色に見立てて表明する手法**です。
ドットシールを使って、ふりかえりの最初と最後に心境を信号機の3色（赤・黄・青）
で表します。ふりかえりの前後に2回行うことで、心境の変化を可視化するのに役
立ちます。また、チームの心理的な健康状態を知るために使えるほか、ふりかえり
の効果をチームが実感するのにも有効です。

　もし色（心境）が好転したのであれば、何かしらの良い効果があったと捉えるこ
とができます。もし色（心境）が悪化したなら、何かしらの不安が増したのかもし
れません。今まで見えていなかった問題の全体像が見えたことにより、不安が増し
たのかもしれません。その場合は、問題の共通認識を持つという一歩を踏み出せた
だけでも、ふりかえりの効果があったと捉えることができるでしょう。単純に議論
不足で不安が増している場合もありますので、その場合はふりかえりの進め方を見
直すきっかけになります。

　ふりかえりの中で、問題をすべて解決するのは難しいものです。ただし、信号機
によって、気持ちに前向きな変化の兆しを得られれば、問題解決に向けた一歩が踏
み出せたというチームの変化を実感できます。

所要時間

事前準備と説明を含めて10分程度で行います。

第3部
08
ふりかえりの場を作る
出来事を思い出す
アイデアを出し合う
アクションを決める
ふりかえりをカイゼンする
手法
03
信号機

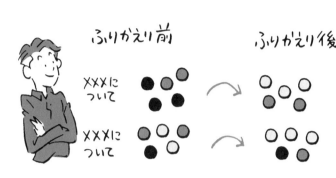

図8.3　信号機の例

進め方

【事前準備】3色のドットシールを用意します。信号機の3色（赤・黄・青）がなければ、3色は別の色でもかまいません。その場合は、どの色がどんな意味合いを持つのかを事前に決めて共有します。ドットシールがなければ、3色のマーカーでも大丈夫です。

❶ 最初に、色の説明を行います。
- **赤**　かなりの不安・懸念がある
- **黄**　多少の不安・懸念がある
- **青**　心配していない

というように、色によって心境の度合いを表現します。**信号機**の3色を使うのであれば全員の共通認識は得られやすいため、色の説明はせずに「信号の3色で今の心境を表します」と伝えても良いでしょう。

❷ 次に、ふりかえりのテーマについて、今の心境をドットシールで表明します。ドットシールに記名する必要はありません。もし、テーマがない場合は、今の気持ちを表明するだけにしてもかまいません。「なぜその色にしたのか」を聞くことで

165

テーマの候補が挙がることもあります。全員の表明が終わったら、その内容を眺めて、チーム全員で傾向を話し合います。

❸ ふりかえりの最後にも、「今の心境はどうか」をドットシールによって確認します。ふりかえりの最初に貼り出したシールの横に、今の気持ちを赤・黄・青の3色で表現します。

❹ シールの貼り付けが終わったら、事前・事後のシールを見て、チームの変化を話し合います。

- どんな気持ちの変化があったか
- うまくいきそうか
- まだまだ懸念が残っているか

などを5分程度話し合いましょう。

　もしまだ不安な点が残っているのであれば、その不安は付箋にメモをして残しておきます。今この場で解決したい不安があれば、チームで不安を解消する活動の時間をこの場で設定し、別途話し合うと良いでしょう。

　ここで残した不安は、次のふりかえりのときにどう変化しているかを確認すると良いでしょう。ふりかえりの進め方が原因で不安を解消できなかったのであれば、「次のふりかえりではどのように進めると良いか」を話し合いましょう。

リカちゃんのワンポイントアドバイス

色々な手法と組み合わせてみよう

信号機は、難しくないので手軽にできるよ。そして、この手法はアイデアの絞り込みにも用いることもできるんだ。たとえば、**希望と懸念** p.160 の手法を行う際に、出てきた希望と懸念のすべてに対してドットシールを貼れば、チーム全員の希望と懸念の度合いを可視化できるよ。そうすれば、最も希望と懸念の大きいものから着手する、という優先順位付けに使えるよね。絞り込みのテクニックは **Effort & Pain／Feasible & Useful** p.224 、**ドット投票** p.227 でも紹介しているから、色々な場面で活用してみてね。

ホワイトボードに
ドットシールがくっつくと大変!

ホワイトボードに直接ドットシールを貼り付けないように注意してね。ホワイトボードに直接貼ってしまうと、はがすのがとても大変だし、裏地がはがれてしまうことも…。ホワイトボードを使っているなら、付箋の上からドットシールを貼るようにするか、ホワイトボードマーカーをドットの代用にすると便利だよ。あっ、付箋を書くためのペンでホワイトボードに書かないようにだけはしないようにね。消すのがすごーく大変なんだ…。

手法 04 | ハピネスレーダー

利用場面

ステップ❷ ふりかえりの場を作る | ステップ❸ 出来事を思い出す

概要・目的

　ハピネスレーダーは、**「ふりかえりの期間にどんなことがあったか」を3つの感情の顔文字に合わせて表現する、短時間で情報を共有するのに向いた手法**です。

　感情の顔文字に合わせて、自分の記憶を掘り起こすことで、普段では見逃しがちな小さな変化に気づけたり、「自分はこう思っていたのか」という自分の感情に向き合えたりします。また、チームメンバーの感情を見ながら、自分との違いを意識できるようになったり、チームとして大事な出来事が何だったのかに気づけたりします。

所要時間

　事前準備と説明を含めて10 ～ 20分程度で行います。

第3部
08
ふりかえりの場を作る
出来事を思い出す
アイデアを出し合う
アクションを決める
ふりかえりをカイゼンする
手法
04
ハピネスレーダー

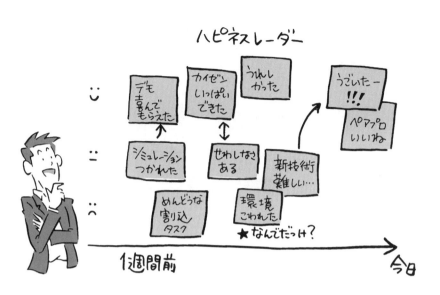

図8.4　ハピネスレーダーの例

進め方

【事前準備】縦軸に3つの感情の顔文字（笑顔・真顔・困った顔）をホワイトボードに描き、横軸に時間線を引いておきます。

❶ まず、3～5分程度で、ふりかえりの対象期間に
- どんなことをしたのか
- どんなことがあったか

を付箋に書き出します。自分だけでなく、チームの活動にも焦点を当てて、強く印象に残っているものから書き出していくと良いでしょう。書き出した内容は、3つの感情の軸に合わせて貼り出します。厳密に3段階に分類しなくても大丈夫です。感情の上下がわかるようにしましょう。

❷ 次に、5～10分程度で貼った付箋を簡潔に共有していきます。全員の意見を共有していく中で、「私もこう思った」「私は実は違う気持ちだった」といった意見があれば、新たに付箋に書き出し、付箋を貼っていきます。

- チームに何があったのか
- チーム全体が何を思っていたのか

を表現していきましょう。

リカちゃんのワンポイントアドバイス

思い出せないときは…

　何があったか思い出せず、手が止まってしまっている人がいたら、他の人が書いた付箋を見ながら思い出すように促そう。書いた付箋が手元に3枚以上たまったら、**ハピネスレーダー**上に貼り出すように伝えておいて、他の人の意見を見ながら自分自身の思い出しを進めていくようにしよう。思い出しに時間がかかりそうな場合は、思い出しの時間を少し長めに取るよう変更しても大丈夫だよ。

情報はさっと共有するだけでOK！

　ハピネスレーダーを共有する際には、**すべてを深く掘り下げすぎない**ようにしよう。アイデアを出していくのに別の手法を用いるなら、概要が他の参加者に伝われば十分。1つの付箋につき、30〜60秒程度でコンパクトに共有してみよう。1つひとつを深く掘り下げていくのではなく、重要な意見があれば印を付けておいて、全員の意見を共有し終わった後に掘り下げをしていけば大丈夫。まずは全員の意見を共有して、全体感をつかむことを最優先にしよう。

第3部
08
ふりかえりの場を作る
出来事を思い出す
アイデアを出し合う
アクションを決める
ふりかえりをカイゼンする
手法
05
感謝

手法 05 | 感謝

利用場面

ステップ❷ ふりかえりの場を作る｜ステップ❸ 出来事を思い出す｜
ステップ❹ アイデアを出し合う｜ステップ❻ ふりかえりをカイゼンする

概要・目的

感謝は、**チームの中で起こった出来事を思い出しながら、チームの誰かへの感謝を伝え合う手法**です。ふりかえりの冒頭で相手への感謝を伝え合うと、前向きなことを考える準備ができ、ポジティブなアイデアを出しやすくなるほか、チームのコミュニケーションの活性化にも役立ちます。ふりかえりの最後に感謝を伝え合えば、**次の仕事を前向きに頑張ろう**という気持ちがわいてきます。

感謝は、いつでも使える、チームの関係の質を高めるための強力手法です。他の手法に混ぜて使うのも効果的です。たとえば、**タイムライン** p.175 や**KPT** p.198 の手法を使う際に感謝も一緒に使えば、前向きな意見を引き出しやすくなるほか、感謝を起点に新しいアイデアが生まれることもあります。

どんなに信頼関係ができていない間柄でも、本心から出た感謝を言われて嫌な気持ちになる人は少数です。感謝を伝えるだけで意見交換がしやすくなります。失敗して落ち込んでいるチームが前向きになって気持ちを切り替えるためにも役に立ちます。さまざまな場面で使ってみてください。

また、**Kudo Cards** p.244 というプラクティスを使うのもおすすめです。感謝を伝え合うボードやボックスを作って、日々感謝を付箋などで書きためておきます。その結果をふりかえりで共有するのです。

図 8.5　**感謝**の例

所要時間

事前準備は不要です。説明を含めて5 〜 10分程度で行います。

進め方

❶ 誰かに助けてもらったことや、嬉しかったことがある人から順に、「〇〇さん、〇〇をしてくれて嬉しかったです。ありがとうございます」というように感謝を伝えましょう。誰かが口火を切れば、それにつられて少しずつ会話が弾んでいきます。

❷ 誰も発言しなくなっても10 〜 15秒程度待ちましょう。しばらく経って、誰も発言しなくなったら終了します。

　感謝は、付箋に書いてもかまいません。ふりかえり以外の時間に感謝を書きためておき、ふりかえりの中で感謝を言い合うのも良いでしょう。または、ふりかえりの時間の中で感謝の付箋を書く時間を作ってもかまいません。

リカちゃんのワンポイントアドバイス

感謝を口に出して伝えよう

感謝はみんなで口に出そう！ どんなに小さなことだと思える感謝でも、口頭で直接伝え合うことで、感謝を伝える人、伝えられる人ともに気持ちが前向きになっていくよ。

感謝は具体的に伝えよう

何をしてもらって嬉しかったのか、どんなことが助かったのか、できるだけ具体的に伝えてみよう。「エリちゃん、先週はファシリテーターの悩みについて相談に乗ってくれてありがとう。今まで抱えていたモヤモヤがすっきりしたよ！」みたいにね。具体的な感謝は、感謝された人が何のことに対しての感謝なのかを自覚しやすくなるし、感謝された行動は次もしてみようって気持ちになれるよね。

無言の時間も大切にね

誰も何も言わない無言の時間が続くと、切り上げて次に進みたくなってしまうよね。無言だったとしても、誰かが感謝の言葉を考えていたり、伝えるタイミングを計っていたりする場合もあるんだ。無言の時間があったとしても、10〜15秒程度は心の中で数えて、待ってみてね。

一人一言以上話してみよう

感謝の強制に繋がらないように注意は必要だけど、感謝はふりかえりを前向きに進めるためのスイッチを入れてくれるよ。どんなに小さなことでも良いから、感謝の言葉（ポジティブな言葉）を引き出してみよう。もし、なかなか自分から口火を切ることが苦手な人がいるなら、トーキングオブジェクト　p.243　を使ったり、みんなで会話を振ってみたりして、言葉を引き出してみよう。

もちろん、ふりかえり以外の場でも感謝を大切にね

ふりかえりの場で感謝を伝え合えるようになったら、ふりかえり以外の場でも、感謝を伝えてみよう。助けてもらったとき、嬉しかったとき、どんな小さいと感じることでもかまわないから、感謝を伝えるといいよ。面と向かって言うのが恥ずかしかったら、Kudo Cardsのプラクティスのように、感謝の気持ちを付箋やカードにして残しておこう。この感謝の気持ちの積み重ねが、チームの関係性を少しずつ高めていってくれるよ。

第3部
08
ふりかえりの場を作る
出来事を思い出す
アイデアを出し合う
アクションを決める
ふりかえりをカイゼンする
手法
06
タイムライン

手法
06 | タイムライン

利用場面

ステップ❸ 出来事を思い出す

概要・目的

タイムラインは、**チームに起こった事実と感情を両方合わせて書き出していき、全員で共有するための手法**です。事実と感情を共有して、チームの持つ情報を整理し、カイゼンのアイデアを出しやすくするために用います。感情を引き出すと、チームのことを「自分ごと」としても考えやすくなります。

タイムラインでは、

- どんなことが起こったか
- どんなことを行ったか

という事実と、

- それに対してこう思った。こう感じた

という感情を、あわせて1枚の付箋に書き表します。たとえば、「〇〇さんに資料作成を手伝ってもらえて助かった。嬉しかった」といった具合です。

「嬉しかった」「楽しかった」といったポジティブな感情と、「悲しかった」「つらかった」というネガティブな感情は、別々の色の付箋で表します。ホワイトボードに時系列がわかるような横軸を引き、その上に事実と感情を記載した付箋を貼り出していきます。

所要時間

事前準備と説明を含めて20〜30分程度で行います。なお、ふりかえりの対象期間が長ければ長いほど、タイムラインの作成には長い時間を必要とします。

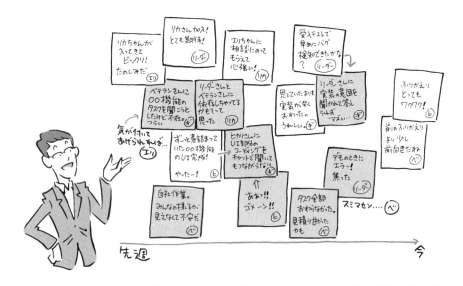

図 8.6 **タイムラインの例**

進め方

【事前準備】付箋をポジティブ／ネガティブの2色用意します。また、ホワイトボードに時間軸の線を引きましょう。時間軸は横軸として描いても良いですし、スペースがなければ縦軸として描いてもかまいません。

❶ 最初に、8〜12分程度の時間で一人ひとり出来事を思い出し、付箋に書いていきます。事実と感情両方を付箋に書いていきます。ポジティブな出来事とネガティブな出来事とで色を分けて記入しましょう。

　出来事を思い出す際には、最初はできる限りPCや手帳などは見ないで、記憶のみを頼りに思い出します。そして思い出したものから順に書き出していきます。最初からPCや手帳を見てしまうと、書いてある内容を書き写すことに集中してしまい、思考が止まりやすくなります。また、出来事の粒度が過剰に細かくなり、付箋が大量に出て、他の意見の重みが薄れてしまいます。

　思い出しをしている最中、思い出せるものがなくなったり、行き詰まったりした

第3部
08
ふりかえりの場を作る
出来事を思い出す
アイデアを出し合う
アクションを決める
ふりかえりをカイゼンする
手法06
タイムライン

場合は、タイムライン上に自分の意見を貼りに行きます。そして、他の人の貼った付箋を見ながら、連想して思い出したものを書いていきます。「私はこう思っていた」という同意または反対の意見があれば、内容の重複を気にせず、新たに付箋に書いて貼り出します。他の人のためにも、手元に付箋がたまってきたら、自発的にタイムラインに貼りに行きましょう。

前回のふりかえりのアクションで行ったものがあれば、出来事として記載していきます。実行した結果どうだったか、どう感じたかを書いていきましょう。

❷ 次に10〜15分程度で共有を行います。時系列順に、書いた内容をそれぞれ共有していきます。共有の時間には、まずは全員の意見を共有することを優先し、一人の話が長くなりすぎないように注意してください。

共有の時間の中では、事実や感情の偏りにも意識を向けて、議論してみましょう。

- いつに偏りが見られるか
- どんな事実に付箋の色や数の偏りがあるか

という傾向を見ると、チームが何に取り組むべきかぼんやりと見えてきます。表8.2に、偏りの例と、それをどう捉えるかという考え方、そしてその偏りからさらに情報を引き出すための問いかけの例をまとめています。

リカちゃんのワンポイントアドバイス

重複を気にせずに書こう

みんなで意見を出すときには、「他の人とかぶらない意見を出そう」という意識が働きがちだけど、ふりかえりのときはその考え方を捨ててみよう。「他人とまったく同じ意見」「他人と少しだけ違うけどほぼ同じ意見」どちらも、気にせず書いて共有していこう。複数人が同じ意見を持っていることがわかれば、チームとして「みんながそのような意見を持っているなら、変えていこう」という意識が生まれやすくなるんだ。付箋の枚数がチームの意見の大きさをわかりやすく可視化してくれるよ。他人と同じ意見だとしても、思ったことはどんどん付箋に書いて貼り付けていこう。

偏り	考え方の例	引き出す問いかけ
特定の日付に似た感情が偏っている	その日の出来事に、チームのカイゼンのアイデアが隠れている可能性あり	• その日は私たちにとってどんな価値があったか • 何が私たちにとって嬉しかったか • 何が私たちにとってつらかったか • 私たちが学んだことは何か
1つの事実に多数の感情が集中している	その事実に、チームのカイゼンのアイデアが隠れている可能性あり	• なぜ私たちは同じように感じたのか • 逆の感情を持った人はいないか • 似たようなことは過去にあったか • 私たちにとってどんな意味を示しているか
1つの事実に逆の感情がある	事実とは別のところや、掘り下げたところで別の感情が表出している可能性あり	• この感情の対立は何を意味するか • 他の場所に原因はないか
特定の日付に事実・感情が少ない	何も波風がなく安定していたが、他の日付のインパクトが大きくて忘れている可能性あり	• この日に何があったか • この日は安心して過ごせていたか • なぜ何も起こらずに済んだのか

表8.2　偏りの例と情報を引き出す問いかけ

自発的な発言を促してみよう

　ファシリテーターが指差しながら順に付箋を読み上げて、「〇〇と書いてありますが、これは誰の意見ですか？」と質問していく進め方があるよね。これは、問いかけと同じ回答を繰り返すだけになってしまいがちだし、ファシリテーターから質問された人へ会話のバトンの受け渡しにタイムラグが発生しがち。共有するときには、**参加者が自分の判断で、自分が貼った付箋を自分から発言する**ように伝えておこう。発言の際には、時系列順に読むと良いけれど、必ずしも

ふりかえりの手法を色々試してみよう

第3部
08
ふりかえり
の場を作る

出来事を
思い出す

アイデアを
出し合う

アクション
を決める

ふりかえりを
カイゼンする

手法
06

タイムライン

正確に順番通りに読む必要はないよ。次に発言しようと思ったらどんどん発言していくようにすればOK。こうすることで、テンポ良く意見を交換できるよ。

発言された内容をどんどん書いていこう

　発言者は付箋に書き表されていない情報を発言してくれるよ。この情報こそ、全員で共有すべき価値のある情報なんだ。付箋の内容を発言している人は、話しながら付箋に追記していくというのは難しいよね。だから、聞いている人が、付箋やホワイトボードに補記していこう。メモを加えたり、矢印で付箋同士を結んだり、付箋を移動したり、というのもしてみよう。そして、これらはファシリテーターのような特定の人だけではなく、参加者全員でやること。誰かが話しているときは、その情報を参加者全員のために書き出していく、という意識を持とう。

　このテクニックは、タイムラインだけじゃなく、普段の議論でも使えるよ。言葉だけでやりとりをしていると、空中戦になり、議論の軸がぶれていくことに気づかないまま進んでいってしまいがちだよね。このテクニックを利用して、全員で効果的な議論をしていこう。

付箋の色や位置に
意味を持たせるのも便利だよ

　付箋の色をたくさん使って、感情を色々分類するのも楽しいよね。あんまり多すぎても考えるのが大変になっちゃうから、多くても4色くらいかな。付箋の色がないときは、付箋を貼る位置の高さによって、感情の高低を表すようにしてみよう。

　あとは、誰が何をやっていたのか、どんなことを感じていたのかを詳しく知りたいときには、人ごとに付箋の色を分けるのも有効だよ。付箋の使い方はまだまだ色々あるから、便利な使い方をみんなで探してみてね。

手法	
07	**チームストーリー**

利用場面

ステップ❸ 出来事を思い出す │ ステップ❹ アイデアを出し合う

概要・目的

チームストーリーは、**チームのコミュニケーションとコラボレーションに焦点を当てて、チームの関係の質と思考の質の向上を促す手法**です。

時系列順に起こったことを思い出しながら、チームの中でどんなコミュニケーションが取られたか、どんなコラボレーションが起こったかを考えます。そして、コミュニケーションとコラボレーションを増幅させるためのアイデアを話し合います。

チームのコミュニケーションとコラボレーションを活性化させるためには、リーダー主導で「コミュニケーションを良くするために〇〇をしよう」と指示してもうまくいきません。チームで、

- 良いコミュニケーションとは何だろうか
- 良いコラボレーションとは何だろうか
- コミュニケーション・コラボレーションを活性化させるためにチームで何をしたらいいだろうか

という対話をすることで、自分ごとの問題へと落とし込まれ、チームにとっての最適なコミュニケーション方法が自然と形成されやすくなります。もし、具体的なアイデアが出てこなかったとしても安心してください。この場で話し合われる内容は、話し合っただけでもチームの心の中に根付きます。話し合いの内容が普段のチームの活動の中に自然と活かされていくのです。

第3部
08
ふりかえりの場を作る
出来事を思い出す
アイデアを出し合う
アクションを決める
ふりかえりをカイゼンする
手法
07
チームストーリー

所要時間

事前準備と説明を含めて30 〜 40分程度で行います。なお、ふりかえりの対象期間が長ければ長いほど、**チームストーリー**の作成には長い時間を必要とします。

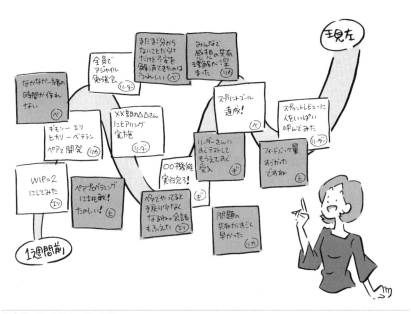

図 8.7　**チームストーリーの例**

進め方

チームストーリーは、以下の3つのステップに分けて進めていきます。

①ストーリーを描く
②ストーリーを共有する
③コミュニケーションとコラボレーションについて議論する

それぞれについて説明していきます。

【事前準備】2 色の付箋を準備します。また、ホワイトボードに「道」を描きましょう。ホワイトボードを目いっぱい使って、過去（前回のふりかえり）から現在までの道のりを描き上げます。このホワイトボード上の道と、その上に貼られた付箋がストーリーです。チームのストーリーを全員で描いていくのが、**チームストーリー**という手法です。

｜①ストーリーを描く

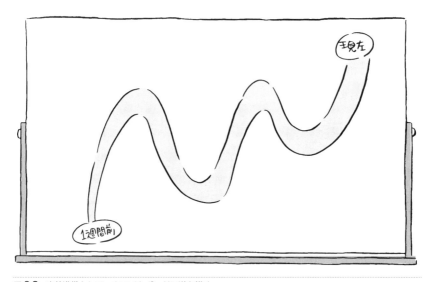

図8.8　事前準備として、ホワイトボードに道を描く

　道を描いたら、8 ～ 12分程度で出来事を思い出します。やったこと、起こった出来事を1色目の付箋に書きます。また、チームのメンバーとどのようなコミュニケーションやコラボレーションを取ったのかを2色目の付箋に書きます。たとえば、「○○さんの資料作成をレビューした」「○○さんとプロダクトについて話し合ってアドバイスをもらった」といったように、2人以上で一緒にやったことを、どんな小さいことでも良いので書きましょう。

　書いた付箋が手元に3枚以上たまってきたり、手が止まってしまったりしたら、付箋をホワイトボードの上に貼っていき、少しずつチームストーリーを作り上げていきましょう。付箋を貼る際は、大まかな時系列順でかまいません。時系列順に

第3部
08
ふりかえり
の場を作る

出来事を
思い出す

アイデアを
出し合う

アクション
を決める

ふりかえりを
カイゼンする

手法
07

チームストーリー

やったこと・起こったことという事実と、**コミュニケーションとコラボレーション**を道の上に貼ります。このとき、関連するものは近くに貼っておきましょう。

　また、もう書くものがなくなったと思ったら、すでに貼られているストーリーを見てみましょう。連想して何か思い出した場合は、ストーリーを書いて追加します。チームメンバーが、あなたとのコミュニケーションやコラボレーションについて書いていたのであれば、あなたの目線ではどんなコミュニケーションやコラボレーションだったか、という別の角度からの意見を出してみるのも良いでしょう。

②ストーリーを共有する

　次に、10～15分程度の時間で、チームで作り上げた**チームストーリー**を共有します。時系列順に、テンポ良く共有していきます。時系列順に共有する基本的なポイントは**タイムライン** p.175 と同じなので、必要に応じて参考にしてください。

　ストーリーを共有しながら、

- そのコミュニケーション・コラボレーションがチームにどんな効果をもたらしたか
- そのコミュニケーション・コラボレーションによってどんなことが引き起こされたか

といった、結果や影響についても話してみましょう。話した内容は2色目の付箋でストーリーに追記していきます。

③コミュニケーションとコラボレーションについて議論する

　最後に、10分程度で、②で挙げられたコミュニケーションとコラボレーションをもとに、

- より良いコミュニケーションをとるために何ができるか
- コラボレーションをより活性化させるために何ができるか

を話し合います。話し合った内容は、適宜ストーリーに書き込んでいきます。

　ここでは、チームのコミュニケーションの中でどんな傾向があるのかを話し合ったり、やりたいけれど実践できていないコラボレーションについて話し合ったりすると良いでしょう。問題の解決のほかにも、チームの目標を実現するためにはどう

すれば良いかも考えてみましょう。前向きなテーマで議論を進めることで、議論の中でもコミュニケーションが活性化していきます。

リカちゃんのワンポイントアドバイス

このふりかえり中のコミュニケーションとコラボレーションを大事にしよう

チームストーリーでは、**手法内でのコミュニケーションとコラボレーションを重視する**ことがとっても大事。「コミュニケーションとコラボレーション」というテーマで話し合うこと自体が、コミュニケーションとコラボレーションの向上に寄与してくれるよ。全員で協力して、話した内容を書いて可視化し、アイデアを出していこう。

別の手法でもコミュニケーションとコラボレーションの考え方を取り込んでみよう

チームストーリーは、**タイムライン** p.175 と同じく、出来事を思い出すための手段の1つだよ。特殊な点は、コミュニケーションとコラボレーションに関する問いが入っていることかな。逆に考えれば、この問いを**タイムライン**に取り込めば、**チームストーリー**と同じような使い方ができるよ。本質を押さえて、さまざまな手法へと応用してみてね。

第3部
08
ふりかえりの場を作る

出来事を思い出す

アイデアを出し合う

アクションを決める

ふりかえりをカイゼンする

手法
08
Fun／Done／Learn

手法 08 ｜ Fun ／ Done ／ Learn

利用場面

ステップ❸ 出来事を思い出す ｜ ステップ❹ アイデアを出し合う

概要・目的

Fun ／ Done ／ Learn（ファンダンラーン）は、**Fun・Done・Learn
という3つの軸で、チームの学びや気づき、チームの活動や達成
できた目標をふりかえる手法**です。Funという他の手法にはない軸を付け
加えることで、楽しかった出来事を思い出したり、今後のチームの活動を楽しいも
のにしようという意識が生まれたりと、チームに活力を与えてくれる手法です。

Fun ／ Done ／ Learnは、「次のアクションをどうしていくか」には明確に
触れていません。そのため、「アクションを決める」手法と合わせて使っていくと、
チームのカイゼンを促進できます。

所要時間

事前準備と説明を含めて30分程度で行います。

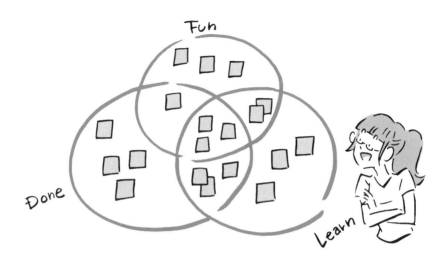

図8.9　**Fun** ／ **Done** ／ **Learn** の例

進め方

【事前準備】Fun・Done・Learn を大きな円で描きます。円を重ねるのが難し
ければ、3つの円の重なりの部分を最初に描くと、3つの円をきれいに描きやすく
なります。

❶ まず、10 ～ 15分程度で、一人ひとりで付箋を書いてホワイトボードに貼っ
ていきます。チームの活動においてFun・Done・Learnである出来事や、感情、感
想、学びや気づきなどを書いていきましょう。
　　Fun・Done・Learnに対する問いかけの例は、表8.3の通りです。
　　Fun・Done・Learnの定義は提示しても、しなくても大丈夫です。どんなもの
がFunか、Doneか、Learnか、というのをチームで話し合いをしながら決めて
いくのも良いでしょう。

Fun	● 楽しかったことは何ですか ● 面白かったことや興味深かったことは何ですか
Done ※5	● できたことは何ですか ● 意識的に行ったことは何ですか
Learn ※6	● 学んだことや気づいたことは何ですか ● 印象に残ったことは何ですか

表 8.3　Fun・Done・Learn に対する問いかけの例

❷ 手元に3枚以上付箋がたまったら、**Fun ／ Done ／ Learn**のボードに貼り付けていきます。Fun・Done・Learnの単体のところに貼り付けるか、重なりがある部分に貼り付けるかは、この時点では各々の裁量で行います。

❸ 一人ひとりでの付箋の記入が終わったら、10 〜 15分程度でFun ／ Done ／ Learnボードを眺めながら話し合いをします。以下の内容を話し合うと良いでしょう。

- どんな傾向があるか。その傾向をどのように変えていきたいか
- チームにとってFunはどんなものか。どうやって増やしていきたいか
- チームにとってDoneはどんなものか。どうやって増やしていきたいか
- チームにとってLearnはどんなものか。どうやって増やしていきたいか
- 価値の大きいFun・Done・Learnはどれか
- Fun・Done・Learnのどれにも当てはまらないものは何か。それはなぜか
- 次はどんなことを行動（アクション）に移したいか

※5　Doneに関する問いは、第9章「ふりかえりの要素と問い」の「事実（主観と客観／定性と定量／成功と失敗）」 p.248 で詳しく説明しています。
※6　Learnに関する問いは、第9章「ふりかえりの要素と問い」の「学びと気づき」 p.254 で詳しく説明しています。

リカちゃんのワンポイントアドバイス

試行錯誤を楽しもう

　Fun・Done・Learnそれぞれがどのような意味を持つのかは、手法としては明確に定義されていないんだ。だから、定義もチームで話し合いながら進めてみよう。**Fun / Done / Learn**の実践自体を楽しんで試行錯誤していくんだ。この手法の趣旨（進め方も自分たちで決めていくことや、楽しむことなど）を説明したうえで、自分たちのやり方を作り上げていこう。

　たとえばだけど、付箋を書いた本人以外が、付箋をFun・Done・Learnに分類していくのも面白いやり方だよ。色々とやり方を実験してみてね。

Fun・Done・Learnでないものを
挙げてもいいんだよ

　ふりかえりをしていると、Fun・Done・Learn以外のものも意見として出てくることがあるよね。この意見は切り捨てなくていいんだ。出した意見は、円のどれにも当てはまらないのであれば、円の外に貼っておこう。円の外にある意見が、チームに示唆を与えてくれるなんてこともきっとあるはずだよ。

第3部
08
ふりかえりの場を作る

出来事を思い出す

アイデアを出し合う

アクションを決める

ふりかえりをカイゼンする

手法
09

5つのなぜ

手法
09 | 5つのなぜ

利用場面

ステップ❸ 出来事を思い出す | ステップ❹ アイデアを出し合う

概要・目的

　5つのなぜは、**ある出来事に対して「なぜ」を繰り返しながら、事象の要因を探る手法**です。

　5つのなぜの名の通り、5段階の「なぜ」を繰り返すと、事象の根本の要因が表層化しやすくなります（もちろん、4段階以下にも、6段階以上にもなる場合もあります）。もし事象をこれ以上掘り下げられないなと感じたら、掘り下げる対象を切り替え、全体的に深いツリーになるようにしていきます。

　この手法は、問題を深掘りするだけでなく、**良いところを伸ばす**ことにも利用できます。「なぜうまくいったのか」「どうして成功できたのか」という要因を探るのです。この手法単体でも利用できるほか、**タイムライン** p.175 、**KPT** p.198 など、さまざまな手法で要因を掘り下げる際に有効活用できます。ふりかえりだけでなく、どんなときにでも利用しやすい考え方ですので、普段の仕事でもうまく活用してみてください。

所要時間

　事前準備は不要です。説明を含めて10 〜 15分程度で行います。

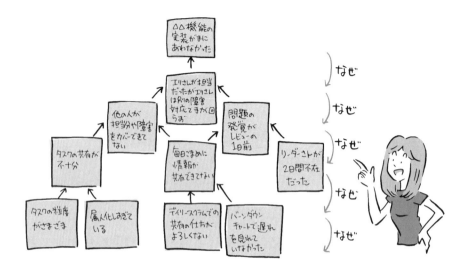

図8.10　**5つのなぜの例**

進め方

❶ うまくいった出来事や、問題に対して、

- なぜ／どうしてうまくいったのか
- なぜ／どうしてうまくいかなかったのか
- そのとき何が起こっていたのか
- 何のためにそれをしたのか
- 要因は何か

と問いかけながら、要因を掘り下げていきます。1つの出来事に対して1つだけ要因がある場合もあれば、複数の要因がある場合もあります。さまざまな観点で考えながら要因を挙げていきます。

　掘り下げた要因は付箋に書き、元の事象または元の要因の下に貼り付け、線で繋げましょう。

❷ 要因を1段階掘り下げたら、明らかにした要因に対して、もう1段階要因を掘り下げます。

第3部

08

ふりかえりの場を作る

出来事を思い出す

アイデアを出し合う

アクションを決める

ふりかえりをカイゼンする

手法

09

5つのなぜ

　この❶❷を繰り返すことで、ツリー状に要因が掘り下げられていき、根本の要因がわかるようになります。

　この手法は一人ひとりで要因を掘り下げていく進め方と、全員で話しながら要因を掘り下げていく進め方のどちらも可能です。じっくり時間を使って、多角的な視点から要因を掘り下げたい場合は、一人ひとりで掘り下げてから共有すると良いでしょう。もし、チームメンバーが書いた要因が理解できなかったり、ふに落ちなかったりしたら、すぐにたずねましょう。説明が不足しているだけであれば、回答してもらった内容を要因の付箋の近くにメモします。また、別々の要因同士が関連することに気づいた場合は、関連の線を引きましょう。こうして、問題が複雑に絡み合ったツリーができあがっていきます。

　KPT p.198 などで他の手法と一緒に使う場合は、要因の掘り下げが必要だと感じた際にこの手法を使います。全員で話しながら要因を掘り下げていくと出来事への理解が深まっていくでしょう。

　「なぜ」を繰り返すときには、要因がループしないように気をつけてください。何段階か掘り下げを行っていくと、気づかないうちに同じ要因が出てきていることがあります。こうした場合は、「なぜ」を掘り下げるための視点を変えてみて、別の要因がないかを検討してください。

　全員でツリーを作り終えたら、一番根っこにある「根本の要因」を眺めます。良い事象に対しての根本の要因がわかれば、その要因をチーム全員に広げるためのアクションや、繰り返し行うためのアクションを検討しましょう。問題に対する根本の要因であれば、

- どこを解決したら問題が解決されるか
- どこから手を付けると問題を切り崩していけるか

という視点でアクションを検討していきます。

リカちゃんのワンポイントアドバイス

なぜの問いかけ方を変えてみよう

　「なぜ、なぜ」と問いかけると、問い詰められているような気持ちになってしまう人もいるよね。そのようなことを避けるために、「なぜ」ではなく、**「どうして」「何をしたのか」「何が起こったか」「何のためにそれをしたのか」**に言い換えてみよう。これらは「なぜ」よりも柔らかい表現で、個人追及に結びつきにくい聞き方だよ。こうした問いのほうが心理的に答えやすくなる場合もあるんだ。問いによっても想起される情報は違うから、さまざまな問いを使って引き出しをしてみてね。

個人の批判はやめようね

　問題にフォーカスしていると、時には特定の一人の行動や問題に繋がってしまう場合もあるよね。たとえば、第6章での私たちのように、「今週の見せられる成果が0になった」という問題があったとき、要因を掘り下げていくと、「リーダーさんが出す要件が大きすぎる」という批判に結びついてしまう可能性もあるんだ。これは問題の解決に結びつかないだけでなく、チームの関係性の悪化も引き起こしてしまうよ。
　問題を掘り下げるときには、客観的に事実を挙げていこう。たとえば、「今週の見せられる成果が0になった」という事象があったとき、その要因は「要件が大きいまま作業を開始した」、そしてそれを掘り下げて「要件と作業の全体像をつかもうとする活動を、時間がかかるからと後回しにしてしまった」「新技術が必要かわかっていたのに、あまり調べないで大丈夫だろうと思い込んでいた」というようにね。
　誰か一人の問題として押し付けるのではなく、チーム全体のコミュニケーション

とコラボレーションやプロセスなどの問題へと繋いで、チームで解決していこう。

第3部
08
ふりかえりの場を作る
出来事を思い出す
アイデアを出し合う
アクションを決める
ふりかえりをカイゼンする
手法
09
5つのなぜ

「助け合いのためのなぜ」にしよう

　客観的に事実を書いていたとしても、問題の要因に関連する人は、悪口を言われているようでイヤな気持ちがするかもしれないよね。この場では、

「個人の責任追及をしているのではなく、全員で助け合い、問題を解決するために要因を探る」

と全員に伝えよう。責められていると感じ、防御や弁明をしても、何も生まれないよ。ふりかえりで行うべきなのは失敗や責任の追及ではなく、次に繋げるための一手を全員で考えることなんだ。

チームの外や環境に要因が見つかったら、視点を変えてみよう

　チームの問題を掘り下げていくと、実は要因がチームの外にあったり、自分たちを取り巻く環境にあるって気づく場合もあるんだ。そんなとき、「私たちじゃどうしようもできない」って気持ちになって、どうやって問題にアプローチしていけばいいかわからなくなってしまうかも。たとえば、「チームの外の〇〇さんにお願いしているのに、なかなか動いてくれない」っていうとき。「どうしようもないね、待つしかないよね」って話になっちゃってないかな？

　こんなときは、視点を変えてみよう。その人が悪いのではなくて、お願いの仕方が悪いのかもしれないし、その人の仕事が忙しすぎて、こちらのお願いにまで手が回っていないのかもしれない。また、こちらのお願いの重要度が高いことが伝わっていないのかもしれない。そう考えると、色々とアプローチの仕方が見えてくるよね。さまざまな角度から、要因を探ってみることが大事だよ。

手法
10

アクションのフォローアップ

利用場面

ステップ❷ ふりかえりの場を作る ｜ ステップ❸ 出来事を思い出す ｜
ステップ❹ アイデアを出し合う

概要・目的

　アクションのフォローアップは、**これまで実行してきたアクションを
見直す手法**です。アクションの中には、継続的に続いているものもあれば、1回
実行したきりで続かなくなってしまったものもあるでしょう。これらのアクション
を見直し、新たなアクションを作るためのアイデアを話し合います。過去1〜3か
月の間に行われたアクションを見直すと良いでしょう。

　実行できたアクションがあれば、その効果を確認します。より良いアクションへ
と昇華させることで、チームをより前進させてくれるものもあれば、もう行わなく
て良いものもあります。

　行われなくなってしまったアクションは、何か理由があって行われなくなったも
の、単に忘れられてしまったものとさまざまです。この中で、改めて実行したほう
が良いもの、もう不要なものとで分類します。今までのアクションをこの場で棚卸
しして、チームとして改めて実行すべきアクションを見直していきましょう。

　アクションは、実行状況によって以下の5つに分類されます。

- **Added**　　追加されてから未実行のアクション
- **Doing**　　実行中のアクション
- **Pending**　着手したものの現在動きがないアクション
- **Dropped**　実行したものの継続されていないアクション
- **Closed**　　実行され、役目を終えたアクション

第3部

08

ふりかえりの場を作る

出来事を思い出す

アイデアを出し合う

アクションを決める

ふりかえりをカイゼンする

手法
10

アクションのフォローアップ

Addedは、未実行のアクションです。前回のふりかえりで追加されて、まだ実行していないものがあればAddedにアクションを分類します。なお、Addedにアクションが大量にある場合は、アクションが具体的でないからかもしれません。あとでアクションが具体的になっているかどうかを見直しましょう。

Doingは、実行中のアクションです。前回のふりかえりで作成したアクションが、今回のふりかえりでまだDoingになっている場合は、アクションが大きすぎるのかもしれません。その場合はアクションを小さく分割して、少しずつ変化を起こしていくようにしましょう。

Pendingは、着手したものの現在動きがないアクションです。直近1〜2回分のアクションでPendingが多い場合は、アクションが不明瞭で完了できていない可能性が高いです。アクションの数を絞って、より具体化したほうが良いでしょう。

Droppedは、一度実行したものの、継続されず途切れてしまったアクションです。Droppedが多いということは、チームにとって効果の高いアクションを選択できていなかったということがわかります。チームのためのアクションではなく、誰か一人のためのアクションになってしまっている場合も、Droppedが多い傾向が見られます。なぜDroppedが多いのかを話し合って、アクションの作り方を見直しましょう。

Closedは、役目を終えたアクションです。1回のみの実行で済むようなアクションや、継続的に行った結果、チームの文化として根付いており、意識せずとも行われるようになったアクションのことです。Closedにアクションが多いほど、チームとしてカイゼンが上手に行えていることを示しています。

アクションを上記の5つに分類し、次のアクションを検討するために活用します。

所要時間

事前準備と説明を含めて10〜20分程度で行います。

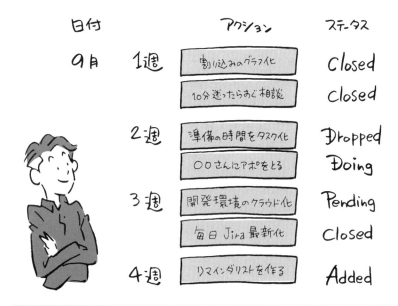

図8.11　アクションのフォローアップの例

進め方

【事前準備】過去のアクションが書かれた付箋やリストを準備します。

❶ まず、3 ～ 5分程度で、これまでのアクションをAdded、Doing、Pending、Dropped、Closedの5つに分類します。アクションの横にステータスを書いていくと良いでしょう。

❷ 次に、3 ～ 5分程度で、Added、Doing、Pending、Droppedのアクションの中で、今後のことを考えて実行しなくても良いアクション、価値のなくなったアクションは何かを話し合い、Closedに移動します。

❸ 最後に、3 ～ 5分程度で、Added、Doing、Pending、Droppedのアクションのうち、とくに重要なアクションは何かを話し合います。そのアクションが具体的でない場合や、アクションの内容を変えたほうが良い場合は、どんな内容にするかを話し合いましょう。そうして、修正したアクションを新しいアクションとして活用します。

第3部

08

ふりかえりの場を作る

出来事を思い出す

アイデアを出し合う

アクションを決める

ふりかえりをカイゼンする

手法 10

アクションのフォローアップ

リカちゃんのワンポイントアドバイス

アクションの中身だけじゃなく、アクションの傾向にも目を配ろう

アクションがAdded、Doing、Pending、Droppedにどれだけ残っているか、その傾向を見て、なぜそのような傾向があるのかを話し合ってみよう。ふりかえりの進め方や、アクションの実行の方法を再確認するきっかけになるはずだよ。

不要なアクションは思い切って捨てちゃおう

アクションの棚卸しをしていて「あれもこれもやらなきゃ」「あれは残しておいたほうが良いかもしれない」という迷いが出てくる場合は、迷いのあるアクションをすべて捨ててみよう。本当に必要なもの以外は、Closedにして一度忘れてしまおう。それがイヤなら、タスクとして仕事のスケジュールに組み込んで必ず実行するようにしよう。アクションがたまりすぎると、やる気がなくなってくるから、重点的に実行するものを選んで、それをしっかり行動に移そう。

手法 11 | KPT

利用場面

ステップ❸ 出来事を思い出す | ステップ❹ アイデアを出し合う |
ステップ❺ アクションを決める

概要・目的

　KPT（ケプト／ケーピーティー）はチームに起こった出来事をもとに、**Keep、Problem、Tryの3つの質問を行うことで、チームのカイゼンのためのアイデアを出す手法**です。とくに、「Problem」という質問が直観的なため、チームの問題の洗い出しとそのカイゼンのサイクルを回すのに適しています。

　KPTでは、**最初にふりかえりの対象期間中に行った活動を思い出します**。そして、Keep（続けること）、Problem（問題・課題）の順にアイデアを出します。そして、Keepをより強化するためのアイデアや、Problemを解決するためのアイデアをTry（試したいこと）として書き上げます。最後に、Tryの中からチームとして次に何をしたいかを決めます。こうして、チームが一歩前進するアクションを作り上げます。

所要時間

　事前準備と説明を含めて60〜90分程度で行います。なお、ふりかえりの対象期間が長ければ長いほど、活動の思い出しには長い時間を必要とします。

ふりかえりの手法を色々試してみよう

第3部
08
ふりかえり
の場を作る

出来事を
思い出す

アイデアを
出し合う

アクション
を決める

ふりかえりを
カイゼンする

手法
11

KPT

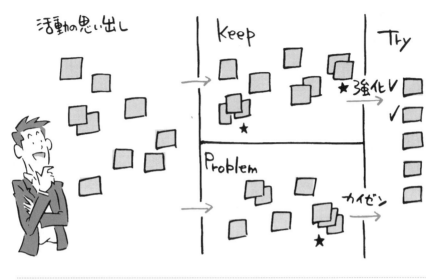

図8.12　**KPT** の例

進め方

【事前準備】ホワイトボードに活動の思い出し、Keep、Problem、Try の 4 つのセクションを作ります。必須ではありませんが、4 色の付箋を準備するとカラフルで楽しいものになります。

　KPTは、以下の順で問いに答えながら進めていきます。

① 活動の思い出し
② Keep（続けること）の作成と共有
③ Problem（問題・課題）の作成と共有
④ Keep・Problemの要因の特定
⑤ Try（試すこと）の候補の検討
⑥ Try（試すこと）の作成と共有
⑦ Try（試すこと）の決定

①活動の思い出し

まず、8 〜 12分程度で自分やチームで行った活動を思い出します。

- チームに起こったこと
- チームで行動したこと
- チームで試したこと（前回のアクション）

など、どんな小さなことでも「活動」の欄に書き出していきます。

この活動の思い出しには、**ハピネスレーダー** p.168 、**タイムライン** p.175 、
チームストーリー p.180 、**アクションのフォローアップ** p.194 、**YWT**
p.204 （Yの部分）の手法も使えます。必要に応じて組み合わせてみてください。

②Keep（続けること）の作成と共有

次に、5 〜 8分程度でKeep（続けること）を出していきます。①の活動の思い出しから見えてきた情報をもとに、一人ひとりで意見を付箋に書いていきます。自分やチームにとって、続けるべきことや良いこと、うまくいったことなどを書いていきましょう。このとき、付箋はまだホワイトボードには貼り出しません。

一人ひとりでの作業が終わったら、5 〜 8分程度で、全員で共有します。スムーズに意見を共有するために**ラウンドロビン**という手法を用いると良いでしょう。

ラウンドロビンは、時計回りに一人1つずつ意見を宣言しながら貼っていく方法です（図8.13）。全員の意見がなくなるまで続け、共有をしていきます。共有しているときに、自分が書いた意見と同じ（似た）意見を、他の人が発言していれば、順番を割り込んで、「私も〇〇だと思いました」というように同調を示しながら、付箋を近い位置に貼り付けます。こうしていくことで、共有とグルーピングが自然と行われていきます※7。

※7　ラウンドロビンは、他の手法でも活用できます。出来事やアイデアを共有する際に有効活用してください。なお、意見の共有順は反時計回りでもかまいません。

第3部
08
ふりかえりの場を作る

出来事を思い出す

アイデアを出し合う

アクションを決める

ふりかえりをカイゼンする

手法
11
KPT

ラウンドロビン方式
一人ずつ内容を宣言しながら貼っていく。同調意見があれば、
同じところに貼る。全員が意見を言い終わるまで続ける

図8.13　ラウンドロビン

| ③Problem（問題・課題）の作成と共有

　今度はProblem（問題・課題）を共有します。Keep同様、一人ひとりで付箋を書く時間を5〜8分程度、共有の時間を5〜8分程度取りましょう。自分やチームにとっての今の問題・課題だけでなく、今後のリスクや懸念を意見として出しても良いでしょう。

| ④Keep・Problemの要因の特定

　Keep・Problemの共有をしたら、5〜8分程度でそれぞれの要因の掘り下げを行っていきます。「情報共有がうまくいった」のであれば、それは何が作用してうまくいったのか。Keep・Problemの意見のうち、掘り下げが必要なものをチームで話し合いながら掘り下げていきます。掘り下げた結果はホワイトボードに直接書き込むか、新たな付箋を書いて追記していきましょう。

　要因の掘り下げには、**5つのなぜ** p.189 の考え方が参考になります。あわせてそちらも参照してください。

｜⑤Try（試すこと）の候補の検討

　ここまでで出てきたKeep・Problemの数が多ければ、Try（試すこと）を考える前に、どのKeep・Problemに対してアプローチしていくかを決めましょう。3分程度で、Tryを考えることでチームにとって良い影響を与えそうなKeep・Problemを合計3つ以内に絞り込みましょう。話し合いで絞り込みをしても良いですし、**信号機** p.164 、**Effort & Pain** p.224 、**Feasible & Useful** p.224 、**ドット投票** p.227 の手法を用いて絞り込みをしてもかまいません。

｜⑥Try（試すこと）の作成と共有

　Try（試すこと）を検討します。TryはKeepの強化またはProblemの解決という観点で意見を出していきます。先ほど絞った候補を使って考えていきましょう。Tryも一人での作業時間を5 〜 8分程度、共有の時間を5 〜 8分程度取ってください。

｜⑦Try（試すこと）の決定

　最後に、5 〜 8分程度でTryを1 〜 3つに絞り込みます。絞り込んだアイデアがまだ具体的でない場合は、アクションが実行可能になるように具体化しましょう。アクションの具体化には、**SMARTな目標** p.236 の手法も利用可能です。

リカちゃんのワンポイントアドバイス

必ずKeep→Problem→Tryの順番で、別々に時間を区切って出していこう

　一度にKeep、Problem、Tryすべてを考えて、最後にまとめて共有をしようとすると、Tryは「自分には解決策がわかりきっている、自分のためのアイデ

ふりかえりの手法を色々試してみよう

第3部
08
ふりかえり
の場を作る

出来事を
思い出す

アイデアを
出し合う

アクション
を決める

ふりかえりを
カイゼンする

手法
11

KPT

ア」になりがち。また、KeepとProblemを同時に考えようとすると、どうしてもProblemから考え始めてしまうよね。これは、問題や課題など「見えている悪い点」を探すほうが楽だからだと思う※8。もちろん、Problemの解決は悪いことじゃないけれど、一度悪いところに視点を移すと、良いところに目が行きにくくなってしまうよ。良いところにもしっかりと目を向けてアイデアを出すためにも、必ずKeep、Problem、Tryの順番に考えるようにしてね。

前回のアクションを実行した結果を分析し、活動の思い出しや、Keep、Problemに入れよう

　ふりかえりのアクションは、継続的にアクションそのものをカイゼンし続ければ、より大きな力になってくれるよ。アクションが実行されなかった場合は何かのProblemがあるはずだし、アクションがうまくいかなかったとしても、何かしらのKeep（良い部分）は見つかるはず。必ず前回のアクションの結果を検査して、さらなるカイゼンへと繋げていこう。

チームのためのTryを検討しよう

　一人のためではなく、チームのためのTryを検討してね。無意識のままTryを書くと、自分自身のためのTryになりがちだから、Tryを出す前にチームには「チームのためのTryを考えよう」と念押しして伝えてみよう。

※8　人間の持つ「自己防衛本能」によるものです。これはまず自分に降りかかる悪影響を早く見つけ、取り除き、生存確率を上げるための本能です。

手法 12 ｜ YWT

利用場面

ステップ❸ 出来事を思い出す ｜ ステップ❹ アイデアを出し合う ｜
ステップ❺ アクションを決める

概要・目的

　YWT（ワイダブリューティー）は、Y「やったこと」、W「わかったこと」、T
「次にやること」のローマ字の頭文字を取ったふりかえりの手法です。**「どんな
経験をしたのか」「それにより得た学びや気づきは何か」「アクショ
ンは何か」という順に質問をしていくシンプルな手法**です。

所要時間

　事前準備と説明を含めて40 〜 70分程度で行います。なお、ふりかえりの対象
期間が長ければ長いほど、「やったこと」「わかったこと」の作成には長い時間を必
要とします。

進め方

【事前準備】3色の付箋を準備しておきます。3色はY・W・Tそれぞれに対応
させ、色を決めておきましょう。
　YWTは、以下の順で問いに答えながら進めていきます。

第3部
08
ふりかえりの場を作る

出来事を思い出す

アイデアを出し合う

アクションを決める

ふりかえりをカイゼンする

手法
12

YWT

① やったこと

② わかったこと

③ 次にやること

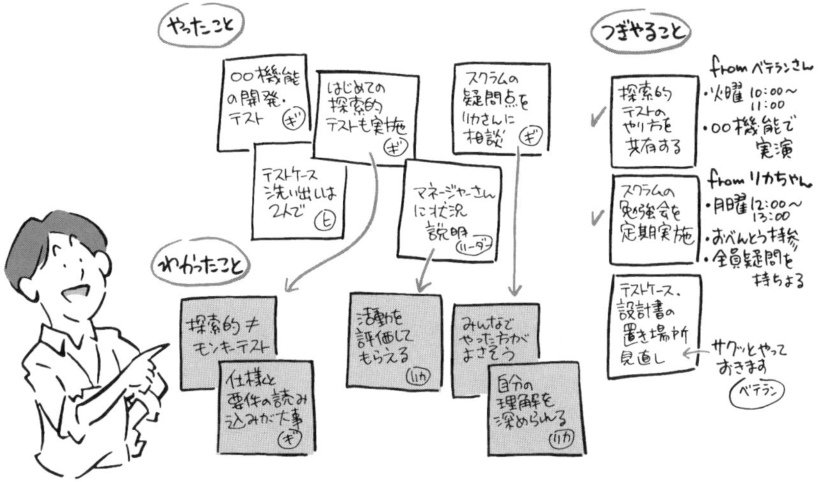

図8.14　YWTの例

①やったこと

　最初に8〜12分程度で**やったこと**を一人ひとりで1色目の付箋に書き出します。ふりかえりの対象期間の中で「やったこと」を思い出し、時系列順に付箋を並べていきます。「やったこと」は、「自分が行った仕事の内容」だけではなく、

- チームで行ったことは何か
- チームメンバーが行ったことは何か
- 意識的に行動したことは何か
- 起こそうとした変化は何か
- 行ったカイゼンは何か

といった問いにも答えていきましょう。

　なお、やったことと合わせて「わかったこと」を書いてもかまいません。詳しくは「わかったこと」を参照してください。

　次に、10 〜 15分程度の時間で「やったこと」を共有します。付箋を時系列に並べていきながら、同じ意見があれば付箋を近い位置に貼ったり、付箋を重ねたりしていくと良いでしょう。

②わかったこと

　5 〜 10分程度で**わかったこと**を一人ひとりで2色目の付箋に書いていきます。自分が行った行動から学んだことや気づいたことだけでなく、チームメンバーやチームが「やったこと」から学んだことや気づいたことを積極的に出していきます。何も意識せずに「わかったこと」を出そうとすると、自分一人の「やったこと」のみに目が行きがちです。チームでふりかえりをするメリットは、自分にはない価値観や観点を持った人が集まることにより、一人だけでは出せない学びや気づきを得られることです。このメリットを最大限に活かすために、積極的に他者の意見に対して「私はこう思った」「私はこういう学びを得た」というフィードバックをしていきましょう。

　次に、5 〜 10分程度で「わかったこと」を貼り出して共有します。「やったこと」との関連がわかるよう、線で繋ぐか、「やったこと」の付箋の上に「わかったこと」を重ねていくといった工夫をしましょう。

③次にやること

　5 〜 10分程度で、「わかったこと」を土台にして、**次にやること**を一人ひとりで3色目の付箋に書いていきます。この「次にやること」は、「チーム全員で取り組むこと」を考えてみましょう。「一人で取り組むこと」を書き出しても良いですが、最初は「チーム全員で取り組むこと」を意識したうえでアクションを検討します。

　次に、5 〜 10分程度で「次にやること」を全員で共有していきます。共有したアイデアの中から、最大で2つ程度に絞ったうえで、アクションを具体化していきましょう。

第3部

08

ふりかえりの場を作る

出来事を思い出す

アイデアを出し合う

アクションを決める

ふりかえりをカイゼンする

手法
12

YWT

リカちゃんのワンポイントアドバイス

他の人の意見を軸に、新しいアイデアを考えていこう

　一人だけで考えた「やったこと」「わかったこと」「次にやること」というのは、チームでカイゼンを行うための観点が不足し、部分最適に陥るアクションになってしまうこともあるんだ。互いの意見に新しいアイデアを載せ合うようにすると、色々な観点が補完されて、全体最適のアクションへと向かいやすくなるよ。

YWTを別の手法と組み合わせてみよう

　「やったこと」を詳しく出して、より広いアイデアを募りたい場合には、「やったこと」の部分を**タイムライン** p.175 や**チームストーリー** p.180 の手法に置き換えてみよう。

　「わかったこと」は、この問いだけでも他の手法に組み込むことができるよ。どんな問いを組み込めそうかは、第9章「ふりかえりの要素と問い」の「学びと気づき」 p.254 でも紹介されているから、そちらも読んでみてね。

　「次にやること」は、次の手法と一緒に利用できるよ。用途に応じて使い分けよう。

- **小さなカイゼンアイデア** p.221 　→ アイデアをいっぱい出したい
- **質問の輪** p.232 　→ みんなで一緒にアイデアを考えていきたい
- **SMARTな目標** p.236 　→ 具体的なアクションを考えていきたい

<table>
<tr><td>手法
― 13 ―</td><td>熱気球／帆船／スピードカー／
ロケット</td></tr>
</table>

利用場面

ステップ❸ 出来事を思い出す｜ステップ❹ アイデアを出し合う｜
ステップ❺ アクションを決める

概要・目的

　熱気球／帆船／スピードカー／ロケットは、4つの手法とも**「絵」を使って
創造的なアイデアを引き出す手法**です。モチーフは熱気球・帆船・スピー
ドカー・ロケットとバラバラですが、すべて本質は同じです。たとえば、**熱気球**で
あれば、熱気球に乗っている人たちをチームと見立てて、

- 気球をもっと高く飛ばして良い景色を見るためにはどうしたら良いか
- 風に乗って早く目的地に着くためにどうすれば良いか

という質問をしながら、チームを成長させるアイデアを考えます。

　これらの手法は「良いところをどう伸ばすか」「チームの理想像は何か」を考える
ために最適です。絵・メタファを使うことで発想力を刺激し、よりイノベーティブ
なアイデアを出しやすくなります。

第3部
08
ふりかえりの場を作る

出来事を思い出す

アイデアを出し合う

アクションを決める

ふりかえりをカイゼンする

手法
13
熱気球／帆船／スピードカー／ロケット

図 8.15　**熱気球の例**

所要時間

事前準備と説明を含めて30 〜 50分程度で行います。

進め方

　ここでは、**熱気球**に関する進め方を紹介します。他の手法に関しては、「リカちゃんのワンポイントアドバイス」で紹介します。

【**事前準備**】付箋を 2 色用意します。

❶ 熱気球を大きく、ホワイトボードや模造紙に描きます。熱気球の中には、チームメンバーを描いてみましょう。この絵を描く作業をチームみんなでやれば、ふりかえりをより楽しいものにできるでしょう。

❷ 最初に、5 〜 8 分程度、「熱気球をより高く上昇させてくれたものは何か」とい

209

う**チームにとって良い、前向きな出来事**を一人ひとり検討します。1色目の付箋でこの出来事を書いていき、熱気球の上に貼っていきましょう。この出来事は、熱気球を持ち上げてくれる風船・上昇気流・飛んでいる鳥など、さまざまなメタファで熱気球のまわりに描いていきます。

　同様に、上記の時間の中で、「熱気球の上昇を妨げたものは何か」という**チームにとって悪い、マイナスな出来事**を検討して2色目の付箋に書いていきます。こちらは熱気球の下にぶら下がる荷物・熱気球を引っ張る人などをメタファに描いていくと良いでしょう。どんなメタファかは自由にインスピレーションを働かせてみてください。なお、考えるときには、必ずチームにとって良い、前向きな出来事を先に検討するようにしてください。

❸　次に、10〜15分でこれらの情報を共有します。チームにとって良い出来事と、悪い出来事の両方を共有しながら、要因の掘り下げが必要な部分は掘り下げをしながら、付箋に記載したり、新しいメタファを描いたりしていきます。

❹　最後に、3色目の付箋を使って、**熱気球をより高く飛ばすためのアイデア**を検討しましょう。上昇をより加速させたり、上昇を妨げるものを解決したり、という2つの視点でアイデアを検討してみましょう。この作業も、5〜8分程度一人ひとりで考える時間を設けた後、10〜15分で共有する時間を作ってください。

リカちゃんのワンポイントアドバイス

> 自分視点だけじゃなく、他人やチームに関して、どんなに小さな事実でも良いので挙げていこう

　ふりかえりに慣れていないと、「良い出来事」を見つけ出すのはなかなか難しい。自分が当たり前にやっていると思っていることや、当然やるべきだと考えている仕事に関しては、自分自身で良い評価をしにくいものだよね。

　そこでこの手法では、チームメンバーにもしっかり目を向けてみよう。自分が当たり前にやったことでも、他人から見るとすごいことだったり、助かることだった

ふりかえりの手法を色々試してみよう

第3部
08
ふりかえりの場を作る
出来事を思い出す
アイデアを出し合う
アクションを決める
ふりかえりをカイゼンする
手法
13
熱気球／帆船／スピードカー／ロケット

りするんだ。ギモンくんみたいに、引っかかったことをすぐに聞けるのって、すごいことだと思うけど、もしかしたら本人は気づいていないかもしれないし。

　この事実は、他人から見ても同じだよ。他者やチームの良いところを挙げることで、その良いところを挙げてもらった人は、自分の良い点に気づけるよね。そして、良い点や成功を自覚したとき、それらをさらに伸ばすためのアイデアを考えられるようになるんだ。この「良いところを見つける」活動を続けると、徐々に視点が「自分」から「チーム」へと向いていくの。アイデアを出すときに、自分本位や部分最適に繋がりがちな考え方から、全体最適へと繋がる考え方にシフトしていけるようになるよ。

キャンバスを楽しく描こう!

　さまざまな色の付箋やペンを使って、みんなでホワイトボードをカラフルなステキなものに仕上げていこう。絵が得意でなくても大丈夫。失敗してもOK。たとえ絵やボードが汚くなってしまうと思っても気にしないで楽しみながら描いてみよう。

他のメタファも紹介しておくね

　熱気球以外のメタファを紹介するよ。メタファを変えることによって、同じテーマでも別々の結果が生まれるんだ。面白いよね。さまざまなメタファを試してみてね。

帆船

　帆船は、風を受けて前に進みます。「帆船」はチームであり、「帆船が目指す島」はチームのゴールを表します。「追い風」はチームを加速させたもの、加速させるもの。「帆船から海底に刺さった碇」はチームを減速させたもの、止めたもの。「岩礁」は見えているリスクを表します。

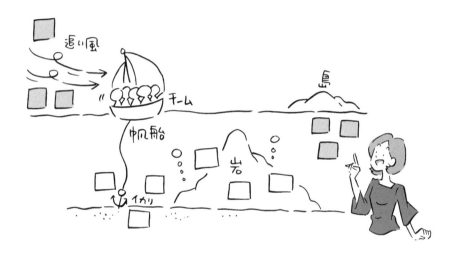

図 8.16　帆船の例

第3部
08
ふりかえりの場を作る
出来事を思い出す
アイデアを出し合う
アクションを決める
ふりかえりをカイゼンする
手法13
熱気球／帆船／スピードカー／ロケット

スピードカー

スピードカーは、最高速度を求めて加速する車です。「スピードカー」はチームであり、「エンジン」はチームを加速させたもの、加速させるもの。「スピードカーに付いているパラシュート」はチームを減速させたもの、減速させるもの。「崖」は見えているリスク、「橋」はリスクを乗り越えるためのアイデアを表します。

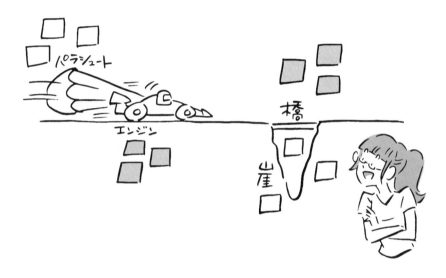

図8.17　**スピードカーの例**

ロケット

　ロケットは、地球から大気圏を突破して惑星を目指します。「ロケット」はチームであり、「惑星」はゴールです。「エンジン」はチームを加速させてくれるもの、「隕石・小惑星群」はリスクや問題、「衛星」はチームを手助けしてくれるもの。「宇宙人」は思いがけないアイデアを表します。

図8.18　ロケットの例

手法 14 Celebration Grid

利用場面

ステップ❸ 出来事を思い出す｜ステップ❹ アイデアを出し合う｜
ステップ❺ アクションを決める

概要・目的

Celebration Grid※9は、Celebration（お祝い）の名の通り、**学びや気づきを「祝い合う」手法**です。チームで活動をしていると、ルールや教えに沿って行ったこと、実験的に行ったこと、図らずともミスしてしまった出来事など、色々なことが起こります。それらの成功と失敗をGrid（格子）で分類し、どんな学びや気づきが得られたのかを確かめ合います。そして、自分たちの成長や変化を祝い合い、学びや気づきを引き出し合い、さらなる実験をしていけるチームへと成長させるのが、この手法の目的です。

この手法では、6つのセクションに分けて意見を分類します。セクションごとに、学びや気づきが多いもの（LEARNING）、少ないもの（No learning）を分類しています。図8.19では Ⓐの部分がLEARNING、Ⓑ Ⓒの部分がNo learningを示しています。

縦軸は、事象の成否（OUTCOME）で分類します。失敗（FAILURE）または成功（SUCCESS）による2分類です。横軸と組み合わせて、どんなことをして、その結果何が得られたのか（失敗または成功）を分類しながら学びを模索していきます。

横軸は、行動の振る舞い（BEHAVIOR）によって分類します。

※9 Management 3.0のプラクティスの1つ。https://management30.com/practice/celebration-grids/

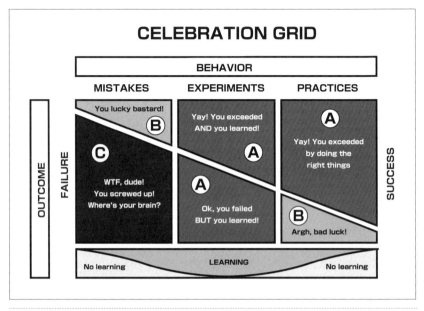

図8.19 Celebration Grid

分類は、ミス（MISTAKES）、実験（EXPERIMENTS）、プラクティス（PRACTICES）の3つです。

- **ミス** 何かしらの誤った行動をしてしまったことで、どんな結果が得られたのかを表す
- **実験** 今までやったことのなかったことやチャレンジしたことを指し、実験をしてどんな結果が得られたのかを表す
- **プラクティス** ルールや習慣にのっとって実践したという行動と、それによる結果を表す

次に、縦軸・横軸の組み合わせと、LEARNING ／ No learningの考え方をそれぞれ説明します。

①ミス×失敗 または ミス×成功［左側の⒝ または ⒞］

誤った行動をしたけれども、成功したということは、何かしら幸運が働いて成功したのかもしれません。失敗の場合は、なるべくしてなった当然の結果です。ここには学びや気づきは少ないでしょう。ただ、次にミスをしないようにカイゼンは可能です。

②実験×失敗 または 実験×成功［中央の⒜ または ⒜］

実験は、成功か失敗かにかかわらず学びがあります。実験という行為そのものが学びと気づきの源泉です。成功するか、失敗するかがわからないからこそ実験するのであり、実験によって得られたものは、次のチャレンジをより加速させます。成功と失敗どちらからも得られた学びや気づきを分析し、次に活かします。

③プラクティス×失敗 または プラクティス×成功［右側の⒜ または ⒝］

普段の慣習やルール通りにやって成功できたのであれば、学びや気づきは少ないですが、祝い合うべきことです。既存のルール通りにやったにもかかわらず失敗した、ということは、何かの不幸な事故があったということでしょう。これらからはあまり学びや気づきは得られません。

なお、チームにすでに存在する慣習やルールだとしても、初めてやってみた人がいれば、学びのチャンスです。成功と失敗のどちらにしても、次に繋がる学びや気づきが引き出せます。

これらの6つのセクションに事実を貼っていき、学びや気づきを共有するのが、Celebration Gridです。

第3部
08
ふりかえりの場を作る
出来事を思い出す
アイデアを出し合う
アクションを決める
ふりかえりをカイゼンする
手法
14
Celebration Grid

所要時間

事前準備と説明を含めて30 〜 45分程度で行います。

進め方

【事前準備】ホワイトボードに 6 つのセクションを作りましょう。また、付箋を
2 色準備します。

❶ 最初に8 〜 12分程度、一人ひとりで**チームの行動をふりかえり、ど
んな行動を取って、どんな成果が得られたか**を1色目の付箋に書き、6
セクションで分類して貼り付けていきます。

❷ 次に、10 〜 15分程度でチーム全員での共有を行います。各セクションで起
こった出来事と、どんな学びや気づきが得られたのかを中心に話し合います。色々
な出来事を、**チーム全員の視点で学びや気づきに変換**していき、2色目
の付箋に書いて貼っていきます。失敗があったとしても、学びや気づきに変換すれ
ば、心理的なストレスを軽減できるほか、新たなチャレンジを生み出せます。ま
た、良い出来事は、成功体験を全員で共有すれば、チーム全員のモチベーションを
上げられます。全員で共有が終わったら、「チームにとって、とくに大事だと思う
学びや気づき」を話し合います。

❸ 最後に、10 〜 15分程度学びや気づきをアイデア・アクションに繋げる時間を
取ります。**次の学びや気づきに繋げるために今後どういう実験をし
ていくか**を2色目の付箋に書き、全員で話し合います。必要に応じて、一人での
作業時間を5分程度取ってから話し合いをしてください。話し合いをしながら、ア
イデアを具体的なアクションにしていきましょう。

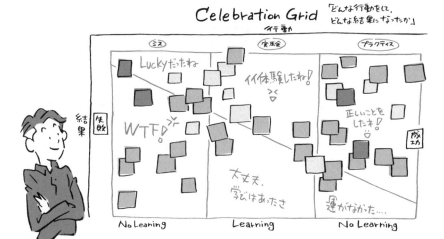

第3部

08

ふりかえりの場を作る

出来事を思い出す

アイデアを出し合う

アクションを決める

ふりかえりをカイゼンする

手法
14

Celebration Grid

図8.20　Celebration Grid の例

リカちゃんのワンポイントアドバイス

失敗の扱い方に注意しよう

　この手法は失敗を共有する必要があるから、その失敗を責任追及や批判のために使われてしまうと、誰も意見を出さなくなってしまうよね。失敗を学びに変えて、チームみんなで活かしたい、というマインドを理解してもらったうえで、Celebration Gridを始めよう。このマインドについては第6章「ふりかえりのマインドセット」の「学びを祝う」 p.139　で詳しく紹介されているから、参考にしてね。

実験を促進しよう

　Celebration Gridを作ったときに、「実験」の部分が少ないようなら、実験からは多くの学びが得られることを伝えてみよう。実験は成功と失敗どちらにも実があり、どちらも祝い合うべきことを伝えれば、失敗を恐れがちな人やチームでも、「少しずつでも実験してみよう」という気持ちが芽生えやすくなるよ。小さな実験から始めるためにはどんなことができそうかを話し合ってみてね。

アクションは具体的にね

　どんなに良さそうな実験を思いついても、アクションが実行されなかったらもったいないよね。もしみんなで作ったアクションが抽象的だったら、**質問の輪** p.232 、**SMARTな目標** p.236 の手法と組み合わせてアクションを具体化してみよう。

第3部
08

ふりかえりの場を作る

出来事を思い出す

アイデアを出し合う

アクションを決める

ふりかえりをカイゼンする

手法
15

小さなカイゼンアイデア

手法
15 | # 小さなカイゼンアイデア

利用場面

ステップ❹ アイデアを出し合う

概要・目的

　小さなカイゼンアイデアは、**とにかくたくさんの解決策を考えるための手法**です。この手法の肝は、**1%だけでもカイゼンできる方法をたくさん考える**ことにあります。ふりかえりで扱う問題の根本要因を探ると、組織や体制上の問題や、技術的に困難で解決の糸口が見えないもの、そもそもどうアプローチしていけば良いかわからないものなどが含まれています。これらを完全に解決するのは困難であり、手を打ってみて初めてわかることが多数あります。そのため、小さなカイゼンアイデアでは「問題に小さくアプローチし、少しずつ切り崩す」という意識で行います。

　この手法では、付箋を使って、「小さな（1%の）カイゼンアイデア」をいくつも出していきます。もちろん、1%以上のカイゼンができるアイデアを出してもかまいません。

所要時間

　事前準備は不要です。説明を含めて10〜15分程度で行います。

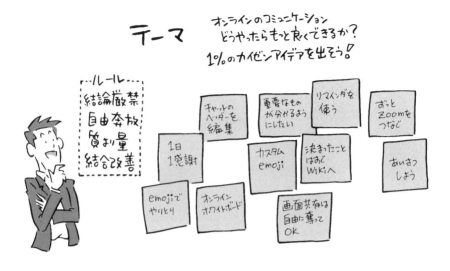

図8.21 小さなカイゼンアイデアの例

進め方

【**事前準備**】ブレインストーミングの 4 つのルールを説明します。

- **結論厳禁** アイデアの拡がりを妨げるような批判や結論は書かない
- **自由奔放** ユニークなアイデアを出してみる。また、歓迎する
- **質より量** さまざまな視点でたくさんの量を書く
- **結合改善** 他人のアイデアを結合し、改変したアイデアも考える

このルールはホワイトボードに書いて掲示しておくと良いでしょう。

❶ 最初に6分程度、一人ひとりで「小さなカイゼンアイデア」を付箋に書きます。ブレインストーミングのルールに基づいてアイデアを書いていきましょう。もしカイゼンアイデアを出すためのテーマ（伸ばしたい点や、問題点など）があれば、事前にテーマを共有しておきましょう。

❷ 5枚以上付箋が手元にたまったら、ホワイトボードに貼り付けていきます。意見を出すのに詰まってしまった人や、手が止まってしまった人は、他人が貼ったアイデアを参考に結合改善しながら、新しいアイデアを記載していきます。

❸ 最後に、8〜12分程度で出したアイデアを共有します。たくさんのアイデアが出てくるため、テンポ良く共有していきましょう。共有後は、**Effort & Pain ／ Feasible & Useful** p.224 の手法を使って分類していくと良いでしょう。

リカちゃんのワンポイントアドバイス

難しく考えずに、とにかくたくさんアイデアを出そう

　ポイントはこれだけ！　頭で考えるよりも、手を動かして付箋をいっぱい書いてみて。一人10個以上はアイデアを出せるよう、頑張ってみよう。アイデアを素早く書く練習にもなるよ。

第3部
08
ふりかえりの場を作る

出来事を思い出す

アイデアを出し合う

アクションを決める

ふりかえりをカイゼンする

手法
15

小さなカイゼンアイデア

手法 16 | Effort & Pain ／ Feasible & Useful

利用場面

ステップ❹ アイデアを出し合う｜ステップ❺ アクションを決める

概要・目的

Effort & PainとFeasible & Usefulは、どちらも**アイデアやアクションを分類するための手法**です。アイデアやアクションが複数あるときに、それらの優先順位を決めるための有用なマトリクスでもあります。このマトリクスは、ふりかえり以外の場面でも重宝するでしょう。

Effort & Painは、Effort（アクションの実行にかかる苦労や労力）とPain（どれくらい「痛み」を解消するか）の2軸で意見を分類します。Effortが小さく、Painが大きいアイデアを選択します。Painの代わりにGain（どれくらい利益を得られるか）を使っても良いでしょう。

Feasible & Usefulは、Feasible（どれほど実現可能性が高いか）と、Useful（どれほど役に立つか）の2軸で分類する手法です。こちらはFeasibleとUsefulが両方大きいアイデアを選択します。

所要時間

事前準備は不要です。説明を含めて5 〜 10分程度で行います。

進め方

ここでは、**Effort & Pain**でアイデアを分類する際の進め方を説明します。

第3部

08

ふりかえりの場を作る

出来事を思い出す

アイデアを出し合う

アクションを決める

ふりかえりをカイゼンする

手法 16

Effort & Pain / Feasible & Useful

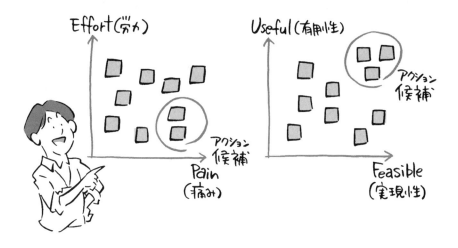

図8.22　Effort & Pain ／ Useful & Feasible の例

❶ 最初に、3分程度で、全員で出したアイデアやアクションをEffortとPainの2軸に分類します。**分類はあくまで相対評価です。一か所に付箋が固まりすぎないように、適宜分散させていきます。**分類の際、まずは全員無言で分類をしましょう。手に取ったアイデアと2軸の表を見ながら、自分の感覚で分類を進めます。このとき、自分が作ったアイデアだけでなく、他人が出したアイデアも積極的に分類していきましょう。もし、分類していきながら書いている内容がわからないアイデアを見つけたら、その場で確認します。

❷ 分類が終わったら、3〜7分程度で、分類済みの表を眺めながらわからない点や疑問に思ったことをチームで共有して解消していきます。アイデアの場所の移動が必要であれば、適宜移動してください。

　分類後の表を見て、Effortが小さく（労力が少なく）、Painが大きい（痛みが多く解消される）ものは、アクションの候補として最適です。また、Effortが大きく、Painが大きいものが第2候補です。あくまでアクションの候補なので、そこからどのアイデアを採用していくかどうかはチームの中で会話をして決めます。

❸ これらの候補の中から、チームが次に実行すべきアイデアの候補を最大3つ選択します。必要に応じて、**ドット投票** p.227 、**信号機** p.164 などの絞り込みの手法をさらに使います。

このようにしてアイデアを分類していきます。アクションを分類するときも同様の手順で行えます。また、**Feasible & Useful**の場合も、2軸の観点が異なるだけで、手順は同様です。

リカちゃんのワンポイントアドバイス

無言で分類する時間と全員で分類する時間を分けよう

無言で分類することで、迅速に分類ができるよ。最初から全員で会話をしながら分類しようとすると、1つずつ意見や合意を求めてしまいがちで、多数のアイデアを分類するには時間がかかりすぎちゃうよね。まずは無言でさっと分類をして、認識のズレがある部分を会話するようにしてみよう。

付箋が一か所に固まらないように分散させよう

付箋が一か所に集まりすぎると、付箋の内容が読みにくくなるだけでなく、集まっているものすべてを1つにまとめてアクションを実行しようっていう意識が働いてしまうんだ。絶対評価ではなく相対評価であるということを念頭に置いて、ホワイトボード全体を使って、うまく分散するように分類していこう。

第3部
08
ふりかえりの場を作る

出来事を思い出す

アイデアを出し合う

アクションを決める

ふりかえりをカイゼンする

手法
17
ドット投票

手法
---
17 | ドット投票

利用場面

ステップ❷ ふりかえりの場を作る｜ステップ❹ アイデアを出し合う｜
ステップ❺ アクションを決める

概要・目的

ドット投票は、その名の通り**ドット（丸）で投票してアイデアやアクションを選択する手法**です。ただ投票するだけでなく、重み付けをしながら投票します。重み付けにより、「チームにとって重要なアイデアは何か」を一目でわかるようにするために用います。

KPT p.198 や**YWT** p.204 で「T」としてアイデアを出したものの中から重要なアイデアを選ぶほか、発散した議論を収束させるためにも用いることができます。意見が多数あるとき、フォーカスすべきテーマを選ぶために**ドット投票**を使うと良いでしょう。

ドット投票をする際には、「チームにとって効果的で、話し合うか実行したほうが良い意見やアイデア」に絞り込みます。もしアクションの候補を絞り込む場合には2つ以下に、実行するアクションの絞り込みをする際には3つ以下に絞りましょう。ふりかえりの中で実行するアクションは、最大でも3つにします。慣れないうちは1つでもかまいません。アクションを絞り込むべき理由は以下の通りです。

- アクションの候補が多すぎると、すべてのアイデアを具体化しようとしてしまい、アクションの作成に時間がかかりすぎてしまう。また、扱う情報量が多くなるため、1つ1つのアクションに対する深掘りが中途半端になる傾向がある
- アクションを実行できたとしても、必ずしも成功するとは限らない。ア

クションのうち、半分はうまくいき、半分は何かしらの問題が見つかる。
また、一度に多くのことを変えすぎると、うまくいかなかったものだけ
を元に戻すことが難しくなる。複雑に絡み合ったプロセスを何か所も変
えてしまうと、1つの変更点だけを元に戻そうとするのはなかなか難し
い

- 「カイゼン」を行おうとして、意図せず「改悪」になってしまう場合もあ
  る。そうしたとき、何がうまくいって、何がうまくいかなかったのかを
  分析する際に、多くのアクションを実行していた場合、分析を行うのが
  難しくなる
- 多くのアクションを実行しようとするあまり、アクションを実行するこ
  とに時間が取られて、本業がおろそかになってしまうことがある
- アクションの数が多すぎると、やらなければいけないタスクのように見
  えてくる。タスクの数の多さにげんなりしてやる気を失い、結局1つも
  実行されない、という問題が起こる

所要時間

事前準備と説明を含めて5分程度で行います。

進め方

【事前準備】 ドットシールを人数分用意してメンバーに配りましょう。もしドッ
トシールが手元にない場合は、ホワイトボードマーカーを使ってホワイトボードに
書き込むか、付箋に直接ペンで書き込めば良いでしょう。

❶ 一人ずつドットシールを持ち、**「チームにとって大事だと思うもの」
へ投票します**。投票は、以下のように行います。

- 最も大事だと思うものに6票
- 2番目に大事だと思うものに3票
- 3番目に大事だと思うものに1票

第3部

08 ふりかえりの場を作る

出来事を思い出す

アイデアを出し合う

アクションを決める

ふりかえりをカイゼンする

手法 17 ドット投票

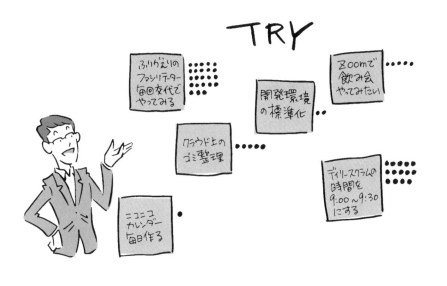

図 8.23　ドット投票の例

　なお、絞り込む前のアイデアの数によって、投票数と重み付けを変えると良いでしょう[10]。

> - アイデアの数が少ない（8個以下）場合は、一人4票を持ち、3票、1票で投票
> - アイデアの数が多い（15個以下）場合には、一人10票を持ち、6票、3票、1票で投票
> - アイデアの数がとくに多い（16個以上）場合には、一人10票を持ち、4票、3票、2票、1票で投票

　このように投票を行うことで、チームメンバーの中で重み付けされた状態で票が集まります。投票後、得票数の多かったものから順に、議論を進めたり、アクションを具体化していったりすると良いでしょう。

※10　アイデアの数は著者の経験による目安です。厳密にこの通りに行う必要はありません。

リカちゃんのワンポイントアドバイス

数えなくても見ればわかるようにしよう

　ドットシールを使っている理由は「見ればわかる」から。ドットシールがない場合は、ペンでドット（●）を大きく打って代用しよう。「正」の字で代用はしないようにね。「正」の字で行おうとすると、複数人が1つの付箋に同時に投票しようとしたとき、複数の作成途中の正の字が生まれて、一目ではわからなくなっちゃう。また、付箋に書かれている文字と得票数の区別が付きにくくなるから注意してね。

　ドットシールを使うことで、確実に偏りが目に見えるようになるよ。カウントするまでもなく、最も大事なものがどれなのか、ということがわかるよね。「視覚により訴えかける」ことで、参加者全員が次に何を考えるべきか、という意識付けが自然と行われるんだ。

チームにとって大事なものに投票しよう

　自分がやりたいアイデアもいくつかあると思うけど、あくまでふりかえりはチームのためのものであって、全員でチームを良くしていくことを最優先で考えてほしいんだ。投票の前には、「チームにとって大事なものに投票すること」「自分がやりたいものよりも、チームのことを考えること」ということを必ずみんなに伝えよう。そのうえで、それでも自分のやりたいものに投票するのであれば問題ないと思う。自分がやりたいものは、候補に選ばれなかったとしても、一人で実行してみるのであれば、どんどんカイゼンしていってみよう。

第3部
08
ふりかえりの場を作る
出来事を思い出す
アイデアを出し合う
アクションを決める
ふりかえりをカイゼンする
手法
17
ドット投票

メリットとデメリットをしっかり理解しておこう

　ドット投票は、とても強力な絞り込み手法だけど、メリットとデメリットが両方あることを理解しておくと、他の絞り込み手法との使い分けがしやすくなるよ。

　メリットは、単純明快かつすぐに決定できること。これは疑う余地はないよね。

　デメリットは、次の2つ。

　　Ⓐ 先に投票した人の結果に引きずられやすい

　　Ⓑ ゴールが不明確だと発散する

　ドット投票は、オフラインでやると、誰がどの付箋に投票をしたかがわかってしまうから、匿名性があまりない。また、投票に時間差が生じやすいから、Ⓐのように最初に動いた人がドットを貼ったアイデアや、意見の強い人がドットを貼ったアイデアにどうしても意見が引きずられてしまうこともあるよ。参加者に迷いが生じているとき、「自分の意見」よりも、これらの「強い意見」に忖度して投票してしまう、ということが起こるかもしれないよね。

　また、Ⓑのように「チームのため」のような明確なゴールがない状態で投票を始めると、各自がやりたいことに投票して得票数が分散してしまい、優先順位を決定できない、ということも起こるかもしれないよね。

　メリットとデメリットを把握したうえで、いかに使うかがポイントだよ。

他の絞り込み手法と使い分けよう

　アイデアやアクションを絞り込む手法には、**信号機** p.164 、**Effort & Pain ／ Feasible & Useful** p.224 など、本書で紹介されている手法以外にもさまざまな方法があるんだ。すべての手法には、得手不得手があるから、適材適所で使いこなせるよう、さまざまな手法を実践し、自分なりに分析してみることが大事だよ。

手法
18 | **質問の輪**

利用場面

ステップ❹ アイデアを出し合う | ステップ❺ アクションを決める

概要・目的

　質問の輪は、**チーム全員が納得できるアイデアやアクションを作り出すための手法**です。チームが輪になり、一人ひとり「問い」に答えていきながら、アイデアやアクションを作成していきます。「あなたは、私たちが次に取り組むべきことは何だと思いますか」という問いに繰り返し答えていくことで、チームの意見が取り込まれた具体的なアイデアやアクションを生み出します。

　質問の輪では、互いの意見を尊重し合い、チームとして何をしたいかを全員で決めていくため、チームの関係性を高めることにも向いています。否定や批判は避けるようにします。一人ひとりの意見が、徐々にチームの総意として変化していく様子を体験できるでしょう。

所要時間

　事前準備は不要です。説明を含めて20 ～ 40分程度で行います。人数が多いほど、時間がかかります。

08

ふりかえり
の場を作る

出来事を
思い出す

アイデアを
出し合う

アクション
を決める

ふりかえりを
カイゼンする

手法
18

質問の輪

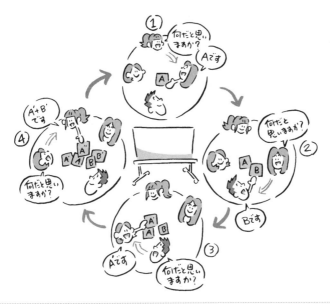

図8.24　**質問の輪**の進め方（4人で取り組む場合）

進め方

　質問の輪では、「**あなたは、私たちが次に取り組むべきことは何だ
と思いますか**」という問いを繰り返し投げかけていきます。

❶ 最初に、質問する人を決めたら、問いを左隣の人に投げかけましょう。

「あなたは、私たちが次に取り組むべきことは何だと思いますか」

　そして、左隣の人はその質問に答えます。答えるときには忖度せずに自分の意見
をしっかりと伝えます。

　最初は回答が具体的でなくても、自分の想いを伝えられれば十分です。答えた
内容に対して、他の人の質問による掘り下げはまだ行いません。「内容がわからな
い」「伝わらなかった」という場合のみ、不明点を解消するために質問を行ってくだ
さい。なお、回答内容は、手の空いている人が適宜ホワイトボードに可視化してい
きます。可視化の形は付箋でも、マインドマップでも、どういった形でもかまいま
せん。チームでやりやすい方法を相談しながら進めていってください。

❷ 次に、先ほど質問された人が質問する側に変わります。また左隣の人に同じ質問を投げかけましょう。

「あなたは、私たちが次に取り組むべきことは何だと思いますか」

そして、次の人は、自分の意見を言っていきます。この質問は必ずします。質問をすることで、明示的に回答のバトンを次の人に手渡することができます。

❸ 1周終わると、チームメンバーがそれぞれどんなことを考えているのか、どんなことを重要に思っているのかがわかります。この一連の流れを、2周以上行います。アクションがどれほど具体化されているかによって、必要に応じて、3周、4周と続けてください。

以降では、2周目以降の進め方の例を説明します。

｜2周目

1周目でチームの意見が可視化された状態から始まります。チームの意見の中で、「この意見は良いな、こうしたいな」と感じたものがあれば、自分の意見に取り込みましょう。「あなたは、私たちが次に取り込むべきことは何だと思いますか」という問いに対して、1周目のチーム全員の意見を取り込んだうえで、自分なりの回答を改めて作っていきます。また、回答した内容はホワイトボードに書いていきましょう。

｜3周目

2周目が終わった時点で、徐々に方向性が見えてくるはずです。3周目からは、これまでの意見を統合して、より具体的にアクションを掘り下げていきます。回答者は、

- もしアクションを実行するとしたらいつ行うのか
- 誰が行うのか
- 何のために行うのか

という掘り下げをしながら回答します。そうして、全員の意見を具体化していきます。

第3部

08

ふりかえりの場を作る

出来事を思い出す

アイデアを出し合う

アクションを決める

ふりかえりをカイゼンする

手法18

質問の輪

| 4周目

3周目までの意見を参考にして、チームとして何を行うのかを最終決定するために、さらに具体的なアクションを全員で述べていきます。もし4周目終了時点で意見が割れている場合は、追加で議論の時間を5分程度取り、チームにとって何が重要なのかを話し合って、アクションを最終決定します。

リカちゃんのワンポイントアドバイス

アイデアを漏れなく書き出そう

ホワイトボードに書く人は、互いの意見を尊重し、どんなアイデアであっても漏れなく書き出していこう。もし、アイデアを書かなかったり、書き換えたりする場合は、その内容で問題ないかを回答者に必ず確認してね。全員のアイデアが漏れなく書き出されることで、チームとしてどこに向かっていこうか、という方向性が徐々に見えてくるよ。

どんなアイデアも受け入れよう

他の人が出したアイデアやアクションは、どんなものでも受け入れて、否定しないようにね。アイデアを「気に入らない」と考えるよりは、「なぜこの人はそういう考えを持ったのだろうか」と考えると、相互理解が深まるよ。もし、意図がわからなければ、その場で聞いてしまおう。回答者の状況や状態に応じて、回答は変わるものだから、表面上の意見だけでなく、そうした裏側の意図や価値観までを知ろうとすることで、チームの信頼関係をいっそう高めていけるはずだよ。

<table>
<tr><td>手法</td></tr>
</table>

手法 19 ｜ SMARTな目標

利用場面

ステップ❺ アクションを決める

概要・目的

SMARTな目標は、**アイデアを具体化されたアクションに変える代表的な手法**です。確実に実行されると感じられるまで具体化されたアクションは、効果の予測もしやすく、不備も見つけやすくなります。不備が見つかれば、すぐに軌道修正を行うことができるようになります。

SMARTは、以下の頭文字を取ったフレームワークです。

- Specific（明確な・具体的な）
- Measurable（計測可能な）
- Achievable（達成可能な）
- Relevant（適切な・問題に関連のある）
- Timely ／ Time-bounded（すぐにできる／期限の決まった）

これらの内容に沿って、アクションを具体化していきます。

所要時間

事前準備は不要です。説明を含めて20 〜 30分程度で行います。慣れていないチームほど、具体化に時間がかかります。

第3部

08

ふりかえりの場を作る

出来事を思い出す

アイデアを出し合う

アクションを決める

ふりかえりをカイゼンする

手法
19

SMARTな目標

進め方

アクションの候補をSMARTのうち多くの項目を満たすように具体化していきます。

アクションをSMARTにする、というのは慣れないとなかなか難しいものです。アクションがSMARTではない例と、SMARTな例を示します。

SMARTでないアクションの例

ヒカリさんの作った画面設計書に記載不備が多く手戻りしてしまった。記載不備がないように意識する。

SMARTなアクションの例

ヒカリさんの作った画面設計書に記載不備が多く手戻りしてしまった。仕様の理解はできていたため、不備がないよう、チーム全員が相互に設計をレビューし合う仕組みを作る。

まずは、明日に画面X、Yの画面設計書が作り終わるので、Xはリカちゃんとギモンくんが、Yはエリちゃんとベテランさんが相互にレビューし合う。指摘数や内容は遅くとも明後日のデイリースクラムでチーム全体に共有し、そのときに再度カイゼン案を検討する。

SMARTでないアクションでは、「記載不備がないよう」という具体的ではない行動が記載されています。また、「意識する」というのもどうやったら達成可能なのかわかりません。このように、「意識する」「注意する」「頑張る」「なんとかする」といった気の持ちようでカイゼンをしようとするのは、SMARTでないアクションの典型です。このような言葉を見かけた場合は、

- どうやったら意識できるのか
- どうやったら注意できるのか
- どのようなプロセスにしたら防げるのか

というように、より具体的なアクションに落とし込んでいきます。

図8.25　**SMART な目標**についてチームで会話しながら掘り下げよう

　SMARTなアクションの例では、「チーム全員が相互に設計をレビューし合う仕組みを作る」という、問題に関連のある対応策を練っています（Relevant）。

　仕組みの一例として、「Xはリカちゃんとギモンくんが、Yはエリちゃんとベテランさんが相互にレビューし合う」というように、どうしたら達成可能なのかが一目で理解できるアクションに落とし込まれています（Achievable）。

　また、「明日に画面X, Yの画面設計書が作り終わるので」ということから、すぐにできる状態ということもわかります（Timely・Time-bounded）。

　さらに、「指摘数や内容は遅くとも明後日のデイリースクラムでチーム全体に共有し、そのときに再度カイゼン案を検討する」という部分から、効果がうまくいくかわからないという不確実性を見据えて次のカイゼンをどう加えていこうか、という検討までが行われています（Specific・Measurable）。

　このように、SMARTなアクションになるよう、チームで会話しながら、アイデアを掘り下げていきましょう。

リカちゃんのワンポイントアドバイス

問題を一挙に解決できるような
完璧なアクションを意識しすぎないで

アクションを作ることに慣れないうちは、抱えている問題をすべて解決でき、か
つ、必ず成功するようなアクションを作ろうと頑張ってしまいがちだよね。ただ
し、そのようなアクションの検討は、問題の全体像がつかめており、十分に問題を
分析して初めてできるようになるもの。

チームの問題は、氷山の一角であることが多くて、多くの場合、全体像が見えて
いないんだ。カイゼンのための一歩を踏み出して初めて全体像が見えてくる場合も
あるよね。でも、踏み出した結果、アクションの方向性が間違っていると気づくこ
ともある。だから、すべてを解決しようとしないで、まずは「一歩」で良いので前
に進めるアクションを作り出していければ十分だよ。もちろん、慣れてきたら問題
を深く掘り下げて、解決のための確実なアクションを作り出してみよう。この場合
には、**5つのなぜ** p.189 の手法を使うと便利だよ。

誰か一人だけが負担を強いられるような
アクションにはしないで！

アクションを決めるとき、「なぜ」「誰が」「いつ」「どこで」「何を」「どのように」と
いう5W1Hを使って具体化すると、よりSMARTなアクションにできるよ。この
とき、「誰が」という部分は可能ならば**チーム全員**にしてみよう。特定の誰かが
活動したり、対策を実施したり、というアクションになってしまうのは仕方のない
ことだけど、チーム全員がそれをフォローする、協力するつもりでアクションを組
み立ててみよう。

誰か一人に負担が偏るのであれば、その分、その人の別の作業を肩代わりするこ

とで負担を減らしたり、アドバイスをしたり、というフォローはできるはず。あくまで全員が全員のためのアクションを作っている、ということを意識してみてね。

具体化されたアクションの実行を決めたら、必ず協力しよう

チーム全員の合意が得られるアクションを決めるのは難しく、多少の不満や疑問は残ることもあるよね。ただ、その不満を持っているから協力しない、アクションを実行しない、では前に進むことはできないよ。一歩前に踏み出してみて初めて見えてくるものがあるんだ。チームで「やる」と決めたら、必ず全員が協力しよう。もしそれでうまくいかなかったとしても、そこから得た学びを次のふりかえりで活かせば良いだけだよ。

アクションを具体化するときにはいつもSMARTを意識しよう

SMARTの考え方は、アクションを検討する際の土台になるんだ。どのような手法でふりかえりをする場合でも、アクションがSMARTとなることを念頭に置きながらふりかえりを進めてみてね。

第3部
08
ふりかえりの場を作る

出来事を思い出す

アイデアを出し合う

アクションを決める

ふりかえりをカイゼンする

手法
20

＋
／
Δ

手法 20 ＋／Δ

利用場面

ステップ❹ アイデアを出し合う｜ステップ❻ ふりかえりをカイゼンする

概要・目的

＋／Δ（プラス／デルタ）は、**＋（良かったこと、うまくいったこと）とΔ（カイゼンしたいこと）を話し合ってアイデアを出す手法**です。

「ふりかえりをカイゼンする」手法としても使えるほか、「アイデアを出し合う」際にも活用できます。

「ふりかえりをカイゼンする」ために使う際には、ふりかえりの進め方やファシリテーション、参加者の行動や発言の内容などをふりかえります。これらの中で良かった部分や続けるべき部分と、カイゼンしたい部分をそれぞれ話し合います。短い時間で行える手法です。

所要時間

「ふりかえりをカイゼンする」場合は、事前準備と説明を含めて5分程度で行います。

「アイデアを出し合う」場合は、10〜15分程度で行います。

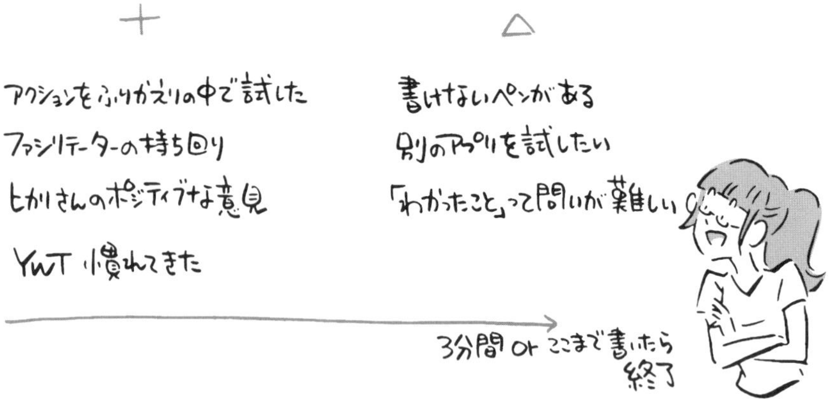

図8.26 ＋／△の例

進め方

【事前準備】ホワイトボードを縦に二分割し、左右に「＋」と「△」を書きます。

「ふりかえりをカイゼンする」場合は、ふりかえりの内容について意見のある人から発言していきます。発言された意見は、＋か△のどちらかに書き加えていきます。意見が一定数を超えるか、制限時間を使い切ったら終了です。

「アイデアを出し合う」場合は、チームの活動やふりかえりのテーマに対して、＋と△の内容を発言していきましょう。この場合は、意見の数は気にせずに、制限時間まで使い切ったら終わりにします。最初に5分程度一人ひとりで付箋を書いてから、10分程度で共有しながら意見を書き加えていくと良いでしょう。

リカちゃんのワンポイントアドバイス

第3部
08
ふりかえりの場を作る

出来事を思い出す

アイデアを出し合う

アクションを決める

ふりかえりをカイゼンする

手法
20

＋／Δ

意見を途切れさせることなく
どんどん言っていこう

　この手法は時間がない中でもさっと行えることが利点だよ。意見がある人が発言し、意見をホワイトボードに書き続けよう。人が書き終わるのを待つ必要はなく、参加者は意見をどんどん言っていこう。書き進めるのが追いつかなければ、チームみんなで協力して、付箋やホワイトボードに書いていこう。

　もし、自分から発言をしにくいタイプの人がいるなら、**トーキングオブジェクト（TO）** を使うのもおすすめ。小さなぬいぐるみなど片手で持てるもの（これがTO）を用意して参加者の誰かに渡し、そのTOを持った人が話をするんだ。TOを持った人は、意見を言ってもいいし、他の人にTOを渡してもいい。また、TOを持っていない人が何か発言したい場合は、TOを受け取ってもOK。TOを活用することで、話し合いがお見合いになるのを防げるだけじゃなく、テンポよく意見を出していけるようになるよ。

次回のふりかえりで必ず活かそう

　ここで出したふりかえりのカイゼン点は、次回のふりかえりに活かそう。次回のふりかえりを組み立てる際に、この ＋／Δ の結果を見直して、ふりかえりそのものを良くしていくことを忘れないようにね。

Kudo Cards

この章で紹介した**Kudo Cards** p.171 とは、図Aのように「THANK YOU」「CONGRATULATIOINS!」「GREAT JOB!」「WELL DONE」などの相手への感謝・賞賛を伝えるためのカードです。感謝や賞賛を感じたときにカードに記載して、カードを箱に入れておいたり、壁に飾ったりします。箱に入れておき、あとで取り出して使う方法にはKudo Box、壁に飾る方法にはKudo Wallという名前がついています。

共通するのは、**常日頃から感謝・賞賛を伝えあえるチーム・組織を作り出していく**ということです。ふりかえり以外の場でも、こうしたプラクティスを有効活用すれば、アジャイルなチームへと少しずつ近づいていけるでしょう。

オンラインの環境でも使えるツール※**12**もあります。オンラインでのチームのコミュニケーションの一環として、チームに取り入れてみてはいかがでしょうか。

図A 　Kudo Cards を記入した例※**11**　　　　　© 2015 Jürgen Dittmar

※**11** https://www.oreilly.com/library/view/managing-for-happiness/9781119268680/c01.xhtml

※**12** https://kudobox.co/

Chapter **09**

ふりかえりの
要素と問い

事実（主観と客観／定性と定量／成功と失敗）
感情
時系列とイベント
過去・現在・未来・理想・ギャップ
学びと気づき
発散と収束
アクション

ふりかえりを進めていくうえで肝となるのが「問い」です。どのような問いをしていけば、ふりかえりの効果を高められるのでしょうか。

ふりかえりにはさまざまな手法が存在します。どの手法も問いの内容や進め方が異なり、個性豊かなものばかりですが、ふりかえりの本質となる要素は似通ってきます。この章では、そんなふりかえりの中心となる要素と、それを引き出す問いを7つ紹介します。

- 事実（主観と客観／定性と定量／成功と失敗）
- 感情
- 時系列とイベント
- 過去・現在・未来・理想・ギャップ
- 学びと気づき
- 発散と収束
- アクション

　この章では、これらの要素の詳細と、要素ごとの問いかけの例を示します。ふりかえりを進めるうえで、これらの要素や問いを意識して使ってみると、より多様な意見を引き出せるようになります。相手の話を深く掘り下げるときや、色々な角度でアイデアを集めたいときに、これらの問いを使ってみてください。

　また、ふりかえりの手法を選ぶときや、ふりかえりをカイゼンしてチームに合う形に変更するとき、そして新しいふりかえりの手法を作り出そうとするときに、これらの要素や問いを参考にしてみてください。

※1　YWTの問いの1つW「わかったこと」のこと。YWTは、第8章「ふりかえりの手法を知る」の「12 YWT」 p.204 で詳しく紹介しています。
※2　KPTの問い「Keep（続けること）」「Problem（問題になっていること）」「Try（試すこと）」のこと。第8章「ふりかえりの手法を知る」の「11 KPT」 p.198 で詳しく説明しています。

事実（主観と客観／定性と定量／成功と失敗）

事実は、チームの中やチームの周辺で起こったことを思い出しながら意見を出していきます。事実は「主観と客観」「定性と定量」「成功と失敗」の3つの観点で見ていくと良いでしょう。

主観は、「このように考えて行動したら、こういう結果になった（と思っている）」といった自分視点の意見です。主観的事実を集めることは、自分とチームの傾向や行動原理を知る「メタ認知※3」に繋がります。主観的事実を出し合い、それぞれの目線での情報を比較し合うことで、認識のズレを埋め、客観的な情報を得やすくなります。

客観は、「チームに〇〇という変化が起こった」といった、チーム全員が納得できる情報です。客観的な情報を使うと、事実に基づく分析がしやすくなり、カイゼンに繋げやすくなります。

定性は、「バグが起こりにくくなった（ように感じる）」のような、物事の性質を表す情報です。定性情報は、チームに対しての自己認識を伝えるために役立ちます。

定量は、「リリースが〇〇分短くなった」のような、数値の変化を具体的に表す情報です。定量情報は客観的な情報を具体化するために有効であり、チームの変化を可視化して伸ばすべきポイント、直すべきポイントをチームにわかりやすく示してくれます。

成功は、「〇〇がうまくいった」という伸ばすべき出来事です。個人やチームの成功を自覚すれば、モチベーションが高まり、より大きな成功を作り出そうという意識が醸成されていきます。

失敗は、「〇〇ができなかった」というカイゼンすべき出来事です。失敗を挙げる際には、個人批判や攻撃にならないように気をつけましょう。失敗の要因を掘り下げていけば、根本的なカイゼンに繋げていけます。

これらを踏まえ、事実を収集するための問いを見ていきましょう。

※3　「自分の認知の仕方や行動のプロセス」を認知すること。

- 何をしましたか／しようとしましたか
- 何が起こりましたか／起こらなかったですか
- 何を意識しましたか／忘れていましたか
- 想定通りだったものは何ですか／想定しなかった出来事は何ですか
- どんな変化を起こしましたか／起こせなかったですか
- どれほどの効果がありましたか
- 数値で確認できる変化はありましたか
- どれほどの時間がかかりましたか
- 自分から／チームから見えたものは何ですか
- 自分にしか見えていなかったものは何ですか
- 得られたもの／失われたものは何ですか
- できたこと／できなかったことは何ですか
- 継続してできたことは何ですか
- うまくいったこと／うまくいかなかったことは何ですか
- 前はできていたのに、できなくなったことは何ですか

感情

　ふりかえりでは、**感情**も大事な要素の1つです。「楽しい」といったプラスの感情から、「憤り」や「怒り」といったマイナスの感情まで、さまざまな感情を集めることで、学びや気づきを促したり、チームでアクションを実行するモチベーションを高めたりできます。

　プラスの感情は自己効力感※4に繋がり、モチベーションを向上させ、新たなチャレンジを促しやすくなります。マイナスの感情は、理想と現実のギャップを知るチャンスになり、カイゼンに繋げるためのきっかけになります。そして、「なぜ自分はそう感じたのか」を考えることで、メタ認知に繋がりやすくなります。また、複数人が同じような感情を抱いたことがわかると、そこがチームにとって注力すべき課題だと気づけるほか、経験から学びを得るきっかけになります。

　感情は事実とともに出してみましょう。チームメンバーごとに同じ事実に対して別の感情を抱く場合もあります。その場合は、その違いがなぜ生まれているのかを考えることで相互理解やコミュニケーションの活性化に繋がります。また、同じ感情を抱いていることがわかれば、チームとして強い想いを持ったアイデアやアクションを出すことに繋がります。

　また、感情から事実を引き出すという方法もあります。自分の中に強く残っている「感情」をまず引き出してみましょう。自分の感情の揺れ動きを思い出し、とくに感情が動いた出来事は何だったのかというように思い出せば、感情を使って事実を引き出すことができます。

　感情は、以下のような問いによって引き出します。

※4　「自分がある状況において必要な行動をうまく遂行できる」と自分の可能性を認知していること。自己効力感が高まると、新たな行動が誘発されやすくなります。

- 楽しいと感じたのは何ですか／いつですか。なぜそう感じましたか
- 嬉しいと感じたのは何ですか／いつですか。なぜそう感じましたか
- 感謝の気持ちを感じたのは何ですか／いつですか。なぜそう感じましたか
- 悲しいと感じたのは何ですか／いつですか。なぜそう感じましたか
- 憤り・怒りを感じたのは何ですか／いつですか。なぜそう感じましたか
- ストレス・フラストレーションを感じたのは何ですか／いつですか。なぜそう感じましたか
- つらいと感じたのは何ですか／いつですか。なぜそう感じましたか
- 危険・危機を感じたのは何ですか／いつですか。なぜそう感じましたか
- 以前と同じ感情になったのは何ですか／いつですか。なぜそう感じましたか
- 以前と違う感情になったのは何ですか／いつですか。なぜそう感じましたか
- （ふりかえりの対象期間に）点数をつけるとしたら何点ですか。なぜそう感じていますか
- 感情が最も揺れ動いたのは何ですか／いつですか。なぜそう感じましたか
- （ふりかえりの対象期間で）感情はどのように変化していましたか。傾向はありますか
- 気持ちや気分が高まったのはいつですか。それは何ですか
- 気持ちや気分が落ち込んだのはいつですか。それは何ですか
- 最も○○（楽しい／悲しいなどの感情）と感じたのは何ですか／いつですか。なぜそう感じましたか

時系列とイベント

時系列やイベントごとに事実や感情を引き出します。

時系列では、ふりかえりの対象期間にあった出来事を時間軸に合わせて思い出します。なお、時系列順に（過去から現在に向かって）思い出す必要はありません。すぐに思い出せるところから思い出しをして、その時点を中心に周辺の時間軸の出来事を思い出していくと良いでしょう。思い出しが終わったら、全員で事実や感情を共有する際に時系列順に並べればOKです。

イベント※5では、打ち合わせや会議、または障害対応やチームでの協働作業など、チームで行ったイベントごとに出来事を思い出していきます。

時系列やイベントでは、「月曜日には○○があった」「そういえば昨日の夕方、○○の話をした」「○○の打ち合わせで、○○という話が出た」のように時間やイベントをきっかけにしてさまざまなことを思い出すことができます。

時系列とイベントを引き出すための問いを紹介します。

- ○○月／○○週／○○日／○○曜日に起こったことは何ですか
- 朝／昼／夕／夜に起こったこと何ですか
- （ある出来事の）前に／後に起こったこと何ですか
- （ある出来事の）原因となった出来事は何ですか
- （ある出来事が）原因となって引き起こされた出来事は何ですか
- 定期的に行われるイベント／会議／打ち合わせで行ったことは何ですか
- 突発的に発生したイベント／会議／打ち合わせで行ったことは何ですか
- 普段とは違うイベントはありましたか。それはなぜ行いましたか

※5　スクラムの場合は、スクラムで定義されているイベントがこれに含まれます。スプリントプランニング、デイリースクラム、スプリントレビュー、スプリントレトロスペクティブ。また、プロダクトバックログリファインメント。

過去・現在・未来・理想・ギャップ

時間軸別に事実や感情を引き出します。

過去・現在だけでなく、**未来・理想**とその**ギャップ**を話し合うことで、アイデアやアクションへと繋がりやすくなります。これらは、以下の問いによって引き出されます。時系列と似ていますが、こちらは時系列よりも抽象的な、大きなまとまりで思い出す作業を行います。たとえば

- 「過去に起こったことは何か」を思い出す
- 「今起こっていることは何か」を思い出す
- 「未来の姿や理想像」を描く
- 「現状・過去とのギャップ」を話し合う

というように、順番に思い出しながらアイデアを出していくと良いでしょう。

これらの情報を引き出すための問いには、以下のようなものがあります。

- 最近／少し前／昔に起こったことは何ですか
- 今起こっていることは何ですか
- すぐに／少し先に／未来に起こることは何ですか
- すぐに／少し先に／未来に起こしたいこと／成したいことは何ですか
- あなたの／チームの理想は何ですか
- 過去と現実との変化は何ですか。どうして変化が起こりましたか
- 現実と理想のギャップは何ですか。ギャップの理由は何ですか
- 想定できる未来と理想のギャップは何ですか。ギャップの理由は何ですか

学びと気づき

　事実や感情から自分やチームが**何を学んだか、どんな気づきを得たのか**を共有します。学びや気づきがアイデアを引き出します。

　「学びや気づきを話し合いましょう」と言っても、慣れないうちはなかなか学びや気づきを言語化できません。ふりかえりの中でも、学びを引き出す「問い」は難しいのです。人それぞれが持つ感性や受け取り方の違いによって、どのような問いから学びや気づきを自覚し、引き出せるかは大きく異なります。問いの種類をいくつも持っておくことで、さまざまな角度から学びや気づきを引き出せるようにしましょう。

　学びを引き出すための問いをいくつか紹介します。

- どんな学びや気づきがありましたか。それはなぜですか
- 次に活かせそうなこと／カイゼンできそうなことは何ですか。それはなぜですか
- 気になったこと／気がかりなことは何ですか。それはなぜですか
- 興味があるもの／興味が惹かれたものは何ですか。それはなぜですか
- 良い方向／悪い方向に変わったところは何ですか。それはなぜですか
- とくに良いところ／悪いところは何ですか。なぜそう感じましたか
- どんな傾向が見えましたか。それはなぜですか
- どんな考えの違いがありましたか。なぜそう感じましたか
- 今までと同じこと／違うことは起こりましたか。それはなぜですか
- 今までとどう印象が変わりましたか。それはなぜですか
- 一番印象に残ったことは何ですか。それはなぜですか
- ここにいない人に何を伝えたいですか。それはなぜですか
- これだけは伝えたい／教えたいというものは何ですか。それはなぜですか

発散と収束

　アイデアやアクションを検討するうえで、欠かせないのが**発散**と**収束**です。アイデアの発散と収束を使い分けながら、チームにとって良いアクションを作り出していきます。

　発散は、新しいアイデアを生み出したり、他のアイデアと組み合わせたりすることです。ふりかえりの中で使える情報量を多くしていきます。1つのアイデアから、発散によって多数のアイデアを生み出すことも可能です。

　収束は、複数のアイデアを絞り込み、次に議論すべき内容の方針を固めたり、合意をとったりするために活用します。

　発散と収束に使える問いを紹介します。

■発散のための問い
- どんなに小さくくだらないと感じることでも話してみましょう
- 他の人の意見と似ていると思ったものでも、話してみましょう
- 思いついたものを教えてください
- 今考えていることは何ですか
- そこで何が起こりましたか
- 少しだけでも変化を起こすとしたら何ができますか

■収束のための問い
- 気に入ったものは何ですか
- 大事なもの／あまり大事ではないと感じていることは何ですか
- 優先順位の高い／低いものは何ですか
- 効果の高い／低いものは何ですか
- やりたいこと／やりたくないことは何ですか

アクション

　ここまで説明してきた要素から、次の**アクション**（行動）に落とし込みます。学びや気づきを列挙するだけでも、ふりかえりの参加者の意識の中に自然にアクションが生まれ、無意識のうちにアクションが実行されやすくなります。ただし、具体的なアクションに落とし込み、実行することにより、より高速にチームは変化していくことができます。

　アクションを出すための問いを紹介します。

- 何をしますか／何をカイゼンしますか
- やってみたいことは何ですか／挑戦したいことは何ですか
- 新しく始めることは何ですか／やめることは何ですか
- 強化したいことは何ですか／弱めたいことは何ですか
- より学びたいことは何ですか／何がチームを成長させますか
- 目標に近づくためにできることは何ですか／一歩前に進むためにできることは何ですか

アクションを具体化する

　アクションは、実行した後のフィードバックが早ければ早いほど成長に繋がりやすくなります。学びをすぐにでも活かしてみて、それがうまくいったのか、ダメだったのかを高速に検査してさらに良いアクションへと変えていきます。そのためには、今すぐにでも実行できるような、小さく具体的なアクションを検討します。

　このようなアクションを考えるときには、第8章でも紹介したSMART p.236 を意識すると良いでしょう。**SMART**は、以下の頭文字を取ったフレームワークです 。

- Specific（具体的な）
- Measurable（計測可能な）
- Achievable（達成可能な）
- Relevant（適切な・問題に関連のある）
- Timely ／ Time-bounded（すぐにできる／期日の決まった）

これらの要素を含む具体的なアクションを出すための問いを紹介します。

- [Specific ／ 5W1H] 何を行いますか／誰がそれを行いますか／いつ行いますか／どこで行いますか／なぜそれを行うのですか／どのように行いますか
- [Measurable] どうしたらアクションが実行完了になりますか／アクションの効果はどのように測りますか
- [Achievable] そのアクションは実行できますか／難しそうなところは何ですか
- [Relevant] アクションはどのような効果をもたらしますか／どのような影響を与えますか
- [Timely ／ Time-bounded] すぐにアクションはできますか／いつまでにアクションを行いますか

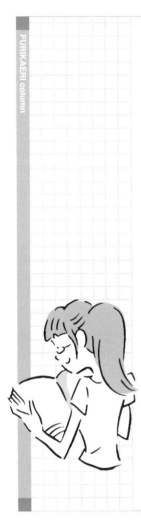

アイデア・アクションを絞り込む軸

　第8章で紹介しているEffort & Pain ／ Feasible & Useful　p.224　やドット投票　p.227　以外にも、アイデアやアクションを絞り込んだり、分類したりするためのさまざまな「軸」が存在します。たとえば、以下のようなものです。この「軸」は分解したり、複数を組み合わせたりしてもOKです。出ている問題やアクションに応じて、必要な軸を選択しましょう。

- 優先順位　　　　：チームにとっての優先順位がどれほど高いか
- 緊急度　　　　　：どれほど緊急性を要するか
- 再発率と重症度　：問題がどれほど再発しやすいか、重症か
- リスクとリターン：アイデアやアクションを実施するリスクとリターン
- 実験　　　　　　：どれほど実験的か、挑戦的か
- 価値　　　　　　：どれほどチームに価値を生み出すか
- 影響　　　　　　：どれほどチームに影響を与えるか

　これらの「軸」は、ふりかえりの手法よりも、コンサルティングのフレームワークなど、他の分野に情報があります。さまざまな分野の書籍やWebサイトで得た情報も、積極的にふりかえりに活かしてみてくださいね。

Chapter **10**

ふりかえりの手法の 組み合わせ

初めてふりかえりをしたい

初回以降のふりかえりで、ふりかえりに慣れていきたい

チームの状況や状態を詳しく知りたい

定期的にチームの状態を見直したい

コミュニケーションとコラボレーションを強化したい

学びと実験を加速させ、チームの殻を破りたい

ポジティブなワクワクする
　アイデアをたくさん出したい

チームに根強く残っている
　問題を解決したい

最初はどのように手法を組み合わせて使えば良いか、想像しにくいものです。手法の組み合わせの例をいくつか見ながら、イメージをふくらませてみましょう。

DPA → アクションの フォローアップ → 5つのなぜ

そうしたら いくつかやり方 があるよね

「DPA」からはじめて 「アクションのフォローアップ」、 それから「5つのなぜ」で うまくいっていることと いってないことの掘り下げ って感じかな?

あとは、この「質問 の輪」とかもどう でしょう?

え、 なんですかそれ。 楽しそうですね

手法もいろいろ 知っていると、 組み替えて いけるのが いいね

チームの 状況によって ぴったりな手法は 違いますからね

・DPA
・アクション
・5つのなぜ
・質問の輪

よし、じゃあ 組み合わせはこんな 感じかな?

いいですね

じゃあまずは ふりかえり用の おやつの用意 だね!

いきましょう!

そこから…

ここでは、ふりかえりの手法を組み合わせた活用例をいくつか紹介します。目的別に組み合わせを紹介していますので、チームの状況や状態に応じて使ってみてください。

初めてふりかえりをしたい

構成例

DPA ➡ KPT または YWT ➡ ＋／Δ

目的と進め方

まず、チーム全員がふりかえりに参加する意識を持つために、**DPA** p.155 によって「ふりかえりのルール」を全員で決め、合意します。

次に、**KPT** p.198 また**YWT** p.204 でふりかえりをします。この2つはふりかえりが初めての人にもわかりやすい手法であり、説明も難しくないため、あまり迷わずにチームの状況や状態の共有からアイデアを出し合うまでの作業を実施できます。**KPT**の「Try（試したいこと）」または**YWT**の「次にやること」でアクションを出して、時間がまだあるようだったらアクションを少し具体化してみましょう。

そして最後に、**＋／Δ** p.241 で「ふりかえりのふりかえり」をして終了します。

利用する手法の数も多くなく、シンプルな手法だけで構成されているため、ふりかえりの流れを学ぶには最適です。次回以降は**DPA**を他の手法に変えるだけで、同じようにふりかえりをすることができます。

初回以降のふりかえりで、ふりかえりに慣れていきたい

構成例

感謝 ➡ KPT または YWT
➡ ドット投票 ➡ SMARTな目標 ➡ ＋／Δ

信号機 ➡ KPT または YWT
➡ ドット投票 ➡ SMARTな目標 ➡ 信号機

目的と進め方

「初めてふりかえりをしたい」 p.262 を実践した後に、より具体的なアクションを出すために実施する構成です。

チームの関係性が浅い場合であれば**感謝** p.171 の手法により、チームメンバーの心の距離を近づけてからふりかえりを始めます。

もし、ふりかえりの効果を自分たちで実感したい場合は、**信号機** p.164 をふりかえりの最初と最後に使うことで、チームの心境の変化を見て、ふりかえりにどのような効果があったかを別途話し合うと良いでしょう。

「初めてふりかえりをしたい」と異なり、**ドット投票** p.227 と**SMARTな目標** p.236 が構成に組み込まれています。これは、**KPT** p.198 または**YWT** p.204 で出てきたアイデアの中から、チームにとって重要なアイデアを選び、実行可能で具体的なアクションとして掘り下げていくためです。

アクションを掘り下げる活動は慣れるまで時間がかかるため、この構成を何度も繰り返し実施して、具体的なアクションを作れるようにしていくと良いでしょう。

チームの状況や状態を詳しく知りたい

構成例

希望と懸念 ➡ タイムライン ➡ KPT ➡
ドット投票 ➡ SMARTな目標 ➡ 感謝

目的と進め方

　チームの状況や状態がまだ見えておらず、問題や課題が発生している場合や、漠然とした停滞感や不安がチームにある場合に実施する構成です。

　まず、**希望と懸念** p.160 でチームの現状を簡単に可視化し、見えている問題から**タイムライン** p.175 、**KPT** p.198 を使って、問題や状況を詳しく掘り下げていきます。なお、KPTの「①活動の思い出し」部分をタイムラインで代用します。

　チームの状況が見えてきたら、アクションを挙げていきます。KPTによってKeepを強化するようなアイデアや、Problemを解消するようなアイデアをTryとして生み出し、**ドット投票** p.227 を使って絞り込みます。そして、絞り込んだアイデアを**SMARTな目標** p.236 で具体化していきます。

　最後に、**感謝** p.171 を使えば、次の仕事に向けて切り替えをしてふりかえりを終了できます。

定期的にチームの状態を見直したい

構成例

DPA ➡ アクションのフォローアップ ➡
5つのなぜ ➡ 質問の輪 ➡ ＋／Δ

目的と進め方

1〜3か月程度に一度、チームの状況や状態を確認するために活用する構成です。

最初に**DPA** p.155 を使い、ふりかえりのルールを再構築します。過去に作ったルールがある場合でも、この場で新規に作り直すことで、チームのルールがより現状に適した形に変わっていることが確認できるでしょう。

アクションのフォローアップ p.194 では、過去に実行したアクションを見直し、チームが少しずつでも前に進めているかどうかを確認します。

そして、うまくいっているアクションがあれば、**5つのなぜ** p.189 を使って要因を突き止め、チームに活かしていきます。実行できていないアクションや行われなくなったアクションがある場合にも**5つのなぜ**を使い、行われていない要因を洗い出しましょう。

質問の輪 p.232 を使って、チームのこれからの方針を話し合います。ここでは、中長期的な目線でアクションを検討すると良いでしょう。

最後に、**＋／Δ** p.241 を使って最近のふりかえりの進め方について全員で話し合い、次回以降のふりかえりに活かします。

≡ コミュニケーションとコラボレーションを強化したい

構成例

感謝 ➡ **チームストーリー** ➡ **質問の輪** ➡
感謝

目的と進め方

　チームのコミュニケーションとコラボレーションにまだぎこちなさがある場合か、今まで以上に良いやり方を模索したいときに実施する構成です。

　最初は**感謝** p.171 によって、普段の感謝を言い合い、チームメンバー同士の関係性を高めるとともに、ふりかえりを開始しやすくします。

　そして、**チームストーリー** p.180 によって、最近のチームの活動と、コミュニケーションとコラボレーションのどこがうまくいっているのか、どこにひずみがあるのかを話し合いましょう。

　学びや気づき、問題などが洗い出せたら、**質問の輪** p.232 によってチーム全員でアクションを検討していきます。**質問の輪**の手法自体が、チームのコミュニケーションを活発にさせる良い手法であるため、このふりかえりを通じても、普段のコミュニケーションをより活性化させてくれるでしょう。

　最後に、ふりかえりの中での**感謝**を互いに伝え合い、ふりかえりを終了します。

学びと実験を加速させ、チームの殻を破りたい

構成例

ハピネスレーダー ➡ Celebration Grid ➡
小さなカイゼンアイデア ➡ Effort & Pain
➡ SMARTな目標 ➡ ＋／Δ

信号機 ➡ Fun／Done／Learn ➡
質問の輪 ➡ 信号機

目的と進め方

　学びや実験に目を向け、チームに新しい挑戦をもたらすために実施する構成です。

┃ハピネスレーダーから始める場合

　ハピネスレーダー p.168 で、ふりかえり期間中に起こった出来事を簡単に思い出し、Celebration Grid p.215 で学びや実験の観点でチームの活動を思い出していきます。

　もし学びや実験が少ないとチームで気づいたら、それらを増やすためのアクションを小さなカイゼンアイデア p.221 で考えてみましょう。小さなカイゼンアイデアでは、たくさんのアイデアが出てくるため、Effort & Pain（またはFeasible & Useful）p.224 でアイデアを絞りましょう。ここでは、より学びが得られるか、実験に繋がるアイデアを選んでみると良いでしょう。

　そして、絞ったアイデアをSMARTな目標 p.236 で具体化して、次の実験に繋げていきます。

　最後に、＋／Δ p.241 でふりかえりの進め方をカイゼンします。

｜信号機から始める場合

　信号機 p.164 を使って、

- 最近のチームには学びがあるか
- 実験はできているか

といったテーマで気持ちを表明してみましょう。

　そして、**Fun ／ Done ／ Learn** p.185 を使って、最近のチームでどんな楽しい出来事（Fun）、実験（Done）、学び（Learn）などがあったかを話し合い、傾向を見てみましょう。

　「もっとLearnを増やしたい」「Funを増やしたい」といった話が出た場合には、それらを増やすために何をしたいかを**質問の輪** p.232 で話し合います。

　最後に、**信号機**を使って、

- これからの学びは増えそうか
- 実験できそうか

という観点で気持ちを表明していくと良いでしょう。

ポジティブなワクワクするアイデアをたくさん出したい

構成例

希望と懸念 ➡ 熱気球 または 帆船 または スピード
カー または ロケット ➡ 小さなカイゼンアイデア
➡ Feasible & Useful ➡ 感謝

目的と進め方

　メタファを使って、ワクワクするようなアイデアをたくさん出すふりかえりの構成です。チームを前向きにしてくれるほか、チームのコミュニケーションを活性化させたいときにも有効です。

　最初に、**希望と懸念** p.160 で、チームがどうなりたいかという希望やチームの目指すゴールを話し合います。**帆船** p.212 や**ロケット** p.214 の手法を使う場合は、ゴールもこれらの手法に内包されるため、**希望と懸念**は実施しなくても問題ありません。

　ゴールを描いたら、**熱気球** p.208 、**スピードカー** p.213 、**帆船**、**ロケット**などのメタファを使った手法により、チームの現状や、チームを加速または減速させるものを話し合います。チームがゴールに向かうために、何をすれば良いかということについて中長期的な道のりを話し合いましょう。

　そして、**小さなカイゼンアイデア** p.221 を使って、その道のりをたどるためのアイデアをたくさん考えます。

　Feasible & Useful p.224 でアイデアを絞り込んだら、それらをアクションとしてチームで決めましょう。

　最後に、**感謝** p.171 によってふりかえりを終了します。

チームに根強く残っている問題を解決したい

構成例

希望と懸念 ➡ 信号機 ➡ 5つのなぜ ➡
ドット投票 ➡ SMARTな目標 ➡ 信号機

目的と進め方

　根本が見えていない問題を掘り下げ、問題に対して切り込むための構成です。チームにいつまでも残り続けていて、解決するとチームが前進できるような問題があるときに、この構成を利用すると良いでしょう。

　最初に**希望と懸念** p.160 で、現在の懸念事項を洗い出します。

　いくつも懸念事項が出てきたら、それぞれの懸念事項に対して**信号機** p.164 を使い、各懸念がチームメンバーにとってどれほどの心理的負担や不安などの悪影響を与えているのかを可視化します。

　とくに重症度・重要度の高い懸念に対して、**5つのなぜ** p.189 によって問題の要因を掘り下げていきます。

　根本となる要因を見つけ出したら、それらの中のどこからアプローチをしていくかを**ドット投票** p.227 で決めます。なお、根本となる要因が大きすぎて、解決が難しい場合は、どこから切り崩していくかを決めましょう。

　そして、**SMARTな目標** p.236 によって問題のアプローチを具体化し、アクションを作成します。

　最後に**信号機**を使い、懸念がどれほど解消されたかを再確認してみましょう。

Chapter 11

ふりかえりに関する
悩み

ふりかえりの開催に関する悩み

事前準備に関する悩み

場作りに関する悩み

出来事の思い出しに関する悩み

アイデアの出し合いに関する悩み

アクションの決定に関する悩み

ふりかえりのカイゼンに関する悩み

アクションの実行に関する悩み

第4部では、ふりかえりに関するさまざまなTIPSを紹介します。

ふりかえりをやっていると悩みはつきもの。悩んでいるのはあなただけではありません。この章では、ふりかえりをしているとよく出てくる「ふりかえりの悩み」について解説していきます。悩みに対する回答はあくまで一例でしかありませんが、きっと参考になるはずです。

ここで扱うふりかえりの悩みは、以下のように分類しています。悩みを感じた際に、辞書代わりにご利用ください。

- ふりかえりの開催に関する悩み
- 事前準備に関する悩み
- 場作りに関する悩み
- 出来事の思い出しに関する悩み
- アイデアの出し合いに関する悩み
- アクションの決定に関する悩み
- ふりかえりのカイゼンに関する悩み
- アクションの実行に関する悩み

ふりかえりの開催に関する悩み

ふりかえりに参加してくれない人には どうアプローチすればいいの？

　もしかしたら、ふりかえりの時間に別の仕事が入っているため、そちらを優先してしまっているのかもしれません。そうであれば、ふりかえりの時間を変えて、その人が参加しやすいようにしてみましょう。

　また、「ふりかえりに参加しない理由」をたずねてみるのも良いでしょう。理由にもよりますが、可能であれば、「ふりかえりにぜひ参加してほしい」と直接伝えてみましょう。

　参加をしない理由が、そもそもふりかえりに否定的な姿勢であるか、もしくは「よくわからないから参加していない」ということであれば、しっかりとふりかえりの目的と、参加することでチームにどんな効果が得られるのかを説明してください。ふりかえりの目的や効果については、第1章「ふりかえりって何？」p.1を参考にしてみてください。

全員揃わないから、 今回はふりかえりをスキップしてもいいかな？

　いいえ。できる限り、スキップはしないでください。こういった悩みは、ふりかえりを始めたころにありがちな悩みです。メンバーが1〜2人揃わなくてもやるべきです。一度ふりかえりをスキップすると、次回以降も連続してスキップされ、ふりかえりが開催されなくなってしまう、という結果に陥ることがよくあります。

　もし時間をずらすことで全員が参加できるのであれば、まずはその回の時間を調整してみましょう。何度かは特例的に時間をずらしても良いですが、他の予定が入

り込みやすいことがわかっている場合は、全員が参加しやすい曜日・時間にふりか
えりの時間を移動しましょう。

どこまで関係者を呼べばいいのかな？

　チームの活動に日常的に関わっている人たちを呼んでください。スクラムを行っ
ているチームであれば、プロダクトオーナー、スクラムマスター、開発者の全員が
参加します。意見が言いにくい雰囲気にならないならば、チームに関係する上司や
有識者などを呼んでもかまいません。チームの外部のメンバーをふりかえりに呼ぶ
ことで、普段の活動では得られない視点でのフィードバックをもらえたり、その人
たちを巻き込んだカイゼン活動を起こしやすくなったりします。

人数が多いときは
どうやって進めればいいの？

　人数が10人を超えるようなら、ふりかえりの進め方を工夫する必要があります。
人数が多いときには、6人以下のグループに分けて実施すると良いでしょう。グ
ループ別のふりかえりには、以下のようなやり方があります※1。

- ふりかえりの途中でグループを分け、グループ別に出来事を思い出した
  りアイデアを出したりした後、グループ同士で共有してから全員でアク
  ションを作成する
- ふりかえりの前にグループを分け、グループごとに別々のふりかえりを
  実施してアクションを作成し、ふりかえりの最後にグループ同士でアク
  ションを見せ合う

※1　**フィッシュボウル**という多人数の意見交換に有効な方法もあります。詳しくは http://www.
funretrospectives.com/fishbowl-conversation/を参照してください。

事前準備に関する悩み

毎回私がファシリテーターをやっているけど、このままでいいの?

　ふりかえりに慣れるまでは、リーダーやスクラムマスターがファシリテーターを担当するのはよくあるケースです。また、責任感や使命感の強い人ほど、「私が頑張らないとふりかえりはうまくいかない」と思い込んでしまいます。そんなときこそチームメンバーを信頼して、一度ファシリテーターをお願いしてみましょう。ファシリテーターを任せ、チームメンバー全員に場を委ねてみると、チームは自発的に動き出します。

　参加者全員がファシリテーターを経験すると、意見の出し方やふりかえりの進行の仕方も大きく変化します。少しずつで良いので、**全員でふりかえりをつくる**という意識を持って変化を起こしていきましょう※2。

ふりかえりの道具の準備って誰がやるの?

　可能であればチーム全員で準備しましょう。ふりかえり用の道具を道具箱にまとめておいて、その箱を持ち運ぶようにすると準備が楽になります。ふりかえりをする前には、道具だけでなく、場所のセッティングも必要です。こちらも、ふりかえりを開始する15分前くらいから、チーム全員でやるようにすると良いでしょう。チームみんなで、ふりかえりに使うおやつを買いに行くのも楽しいですよ。

※2　ファシリテーターに関する悩みは、第7章「ふりかえりのファシリテーション」 p.143 で詳しく説明しています。

ふりかえりに休憩時間って必要なのかな？

　90分以上の長時間のふりかえりを実施したい場合は、45 〜 60分に一度、5 〜 10分ずつ休憩を取りましょう。集中が続くよう、適度に休憩はしっかり取ってください。休憩しながらおやつを食べて雑談をすれば、チームのコミュニケーションもより活性化します。

ふりかえりの進め方って、毎週変えてもいいの？

　変えても問題ありません。ただし、ふりかえりにチーム自体がまだ慣れていない場合や、不慣れなチームメンバーが一人でもいる場合は、数回連続で同じ進め方をしてみてください。ふりかえりの目的や進め方をチームメンバー全員が理解できたことがわかったら、進め方を少しずつ変えていくと良いでしょう。

ふりかえりの構成ってどこまで検討しておけばいいの？

　慣れていないうちは、どんな目的でふりかえりをするのか、どういう構成（手法の組み合わせ）で、どんな時間配分にするのかまで決めておきましょう。ふりかえりを始めてから迷わずに済みます。慣れてきたら、時間配分は厳密に決めなくても大丈夫です。その時々の議論の状況によって、ふりかえりの時間配分を変えることができたほうが、チームにとって有意義な議論ができるようになります。

場作りに関する悩み

ふりかえりのテーマって 毎回変えたほうがいいの？

　ふりかえりに慣れていないのであれば、無理にテーマを設定しなくても大丈夫です。最初のうちは、第1章で紹介した「ふりかえりの目的と段階」 p.8 に沿って、ふりかえりのテーマを決めていけば問題ありません。

　ふりかえりをしばらく続けて慣れているチームであれば、テーマをその場で決めてみても良いでしょう。テーマを決めて、それに沿った話し合いができるようになると、**自分たちでチームのことを考えて変えていける**という意識が醸成されやすくなります。ぜひ少しずつ色々なテーマに挑戦しながら、ふりかえりを楽しんでみてください。

まったく意見を出してくれない人は どうすればいいのかな？

　ふりかえりに否定的であったり、最中に別のことを考えていたり、とふりかえりそのものに集中していない人の場合、意見はなかなか出てきません。ふりかえりに積極的に参加する姿勢を持つためには、最初にしっかりと**ふりかえりの場を作る**必要があります。第8章で紹介したDPA p.155 を使ってふりかえりのルールを全員で考えてみたり、**感謝** p.171 を使って一言ずつ話すようにしたりすることで、ふりかえりに自分も参加している、貢献しているという意識が芽生えやすくなります。

出来事の思い出しに関する悩み

やったことをあまり思い出せない…。
メモを見てもいいのかな？

　時系列順に、過去からふりかえりをしていこうとすると、昔のことほど覚えておらず、出来事を思い出せないことがよくあります。2週間以上の長期間にもなると、なかなか思い出すのも難しくなるのは仕方のないことです。

　まずは、どんなことでも良いので付箋に書いてみましょう。強く印象に残っている出来事からでかまいません。その出来事を起点に、連想しながら思い出しをしてみてください。また、他の人が書いた付箋を見て思い出しをするのも良いでしょう。

　それでも何も出なくなった、という場合のみ、チームのスケジュールや手帳など、思い出すことを助けてくれそうな情報を使います。最初からこれらの情報を見てしまうと、どうしてもすべての事象を事細かく洗い出して書こうとして、時間が足りなくなってしまいがちです。スケジュールや手帳は思い出す材料に使うだけに留め、記憶に残っている出来事から順に付箋に書き出していくようにしてください。

雑談や脱線って避けたほうがいいのかな？

　多少の雑談や脱線であれば許容しましょう。雑談をして、コミュニケーションを取ることにより、チームの関係の質が向上していくためです。ただ、脱線ばかりでなかなか先に進まないときには、

- ふりかえりのゴールを確認する
- 会話の内容を書き出す

といった方法を使うことで、元の会話の流れに戻しやすくなります。

会話の内容を書き出すことは、一見意味がないように思えますが有効です。ずっと話し続けている人がいたら、その話の内容をホワイトボードや付箋に書き出し続けることで、「自分がずっと話し続けている」ことに気づきます。そして、気づいたら話を元に戻して、改めて進めれば良いでしょう。

思い出しのために
どれくらい時間を確保すればいいの?

ふりかえりの中で、最も多くの時間を占めるのが、「出来事を思い出す」ステップです。ふりかえりの対象期間が長くなればなるほど、この思い出しをするための時間が増えていきます。また、参加人数が多いほど、情報を共有して認識を合わせるための時間がかかります。

1週間のふりかえりであれば、一人で思い出しをするのに8〜12分程度必要です。2週間であれば15〜20分程度必要になるでしょう。それ以上となると、自分一人で思い出せる量には限界がありますので、まずは15〜20分程度の時間を取って個別に思い出しをしたあと、共有の時間を長めにとって、話をしながら思い出しを深めていくようにすると良いでしょう。

共有のためには、1週間分であれば一人あたり1分半〜2分程度の時間が、2週間分であれば一人あたり3〜4分程度の時間が必要です。

一人で考える時間と、共有する時間をあらかじめ確保して、出来事の思い出しに備えましょう。

第8章「ふりかえりの手法を知る」では、5〜9人程度のチームで1週間のふりかえりをする際に必要な時間を細かく記載しています。手法の所要時間や、進め方に記載されている時間を参考にしてみてくださいね。

アイデアの出し合いに関する悩み

声の大きい人に全員の意見が引きずられちゃうとき、どうすればいいんだろう？

　ふりかえりに参加するメンバーの間に契約関係がある、職場の上下関係がある、といった場合には、こうした声の大きさはよく問題になります。こうした場合には、付箋をうまく活用しましょう。付箋を使うことにより、全員の意見を同列にできます。ふりかえりは全員で意見を出し合って、互いの意見を尊重しながらチームのことを考える場です。一人の意見が強くなりすぎると、チームのためのアクションになりにくく、その一人以外がアイデアを考えた時間が無駄になってしまうことにも繋がります。また、一人の考えたアクションを超える、さらに良いアクションを話し合って作り出すことも難しくなります。

　このような状況を防ぐために、**誰かの意見はあくまで一意見でしかなく、全員の意見が平等である**ということをわかりやすく示すことができるのが付箋です。一人ひとりで考えたアイデアを付箋に書いて共有する、という行動をするだけでも、意見の重みを平準化する効果が狙えます。

　声の大きさを平準化する方法として、**ラウンドロビン** p.200 も利用できます。そちらも参照してください。

チームのうまくいった部分がなかなか出てこないときはどうすればいいの？

　うまくいった部分は、チームをポジティブな側面から見る必要があります。こうした悩みが出てくるチームは、問題や課題を先に考えていたり、問題の話に熱中しすぎたりして、表面上の「ここは良かった」という感想を言い合うだけになってし

まっています。

　このようなときは、手法や問いの種類を変えたり、問いの順番を変えたりすることでチームに変化が起こるので、状況を見ながら「うまくいった部分」「うまくいかなかった部分」のどちらを先に話したほうがいいか検討してみてください。

　この悩みの解消方法は、第8章の**KPT** の「**リカちゃんのワンポイントアドバイス**」 p.202 でも詳しく解説しています。そちらもあわせて参照してください。

問題がまったく出てこないけど、大丈夫なのかな？

　まず、なぜあなたがそれを問題だと感じているのかを考えてみましょう。

　「ふりかえりでは問題を解決しなくてはならない」と捉えていると、そもそも問題が出てこない場合、目的を見失ったようで不安に感じるかもしれません。しかし問題がない、というのは本来すばらしいことです。「今回は問題がまったくなかった」というのであれば、まずはそのことを全員で祝いましょう。そして、うまくいっている部分をより伸ばすことを検討してみましょう。

　毎回ふりかえりの際に問題が出ないことに違和感がある場合は、**チームの理想像**を話し合ってみましょう。理想像と現状のギャップを話し合うと、そのギャップがチームの問題として浮かび上がることもあります。

問題やアイデアの粒度って合わせる必要があるの？

　無理に合わせる必要はありません。メンバー一人ひとり、見ている視点や視座が異なるからこそ、多様なアイデアが出てきます。全員から意見を収集する段階では、問題についての粒度を指定する必要はなく、全員の意見が出そろってから、少しずつフォーカスする意見を決めていきましょう。

アクションの決定に関する悩み

アクションを具体化するのがとても難しくて…。何かコツはないの?

　アクションの具体化は、最初からうまく具体化することは難しいでしょう。第8章で紹介した**SMARTな目標** p.236 のような「具体的なアクション」を作成しようとしても、初めての場合や慣れていない場合にはなかなかうまくいきません。アクションの具体化には練習が必要なので、根気強く続けてください。毎回アクションの具体化に挑戦していれば、4 〜 8回程度で、上手にアクションを作れるようになります。

　具体化できない、という悩みはアクションが大きすぎる場合にも起こります。大きな変化を起こそうとして、どのように手をつけたら良いのかわからない状態です。このような場合には、**小さなカイゼンアイデア** p.221 のように**1%でも良いので変化を起こせるアクションを検討**してみましょう。少しずつでも状況が動き出すのを感じ取れれば、アクションの作り方も見えてくるはずです。

ふりかえりの結果は、どうやって管理すればいいんだろう?

　結果を厳密に管理する必要はありません。アクションが実行できているかどうかのステータスをタスクボードなどで管理すると良いでしょう。

　毎回のふりかえりに使ったホワイトボードや付箋は、写真にとってデータとして保存しておいたり、その写真を印刷してまとめておいたりすると良いでしょう。たまに過去のふりかえりの写真を見直しながら、チームのふりかえりの様子の変化を追うと、成長を実感できるはずです。

ふりかえりのカイゼンに関する悩み

ふりかえりを毎回やっているのに、
なかなかうまくならないのは何でだろう?

ふりかえりのふりかえりをしていますか? ふりかえりの回数をただこなすだけでは、ふりかえりはなかなか上手になりません。ふりかえりの最後の5分間だけでも良いので、「ふりかえりのふりかえり」を行いましょう。これについては、第4章の「ステップ❻ ふりかえりをカイゼンする」 p.115 を参照してください。

ふりかえりのカイゼンのためのアイデアを出しても、
次回に活かされないときはどうすればいいの?

ふりかえりのアクションと同様、ふりかえりのカイゼンのアイデアを出したらすぐに着手しましょう。もし、ホワイトボードやWikiなどにふりかえりのフォーマットを用意しており、そのフォーマットをカイゼンするようなアイデアが出た場合は、そのフォーマットをふりかえり中か、ふりかえり直後にすぐに直しましょう。大きな付箋にカイゼンのためのアイデアを書き出し、残しておくのも良いでしょう。そして、次回のふりかえりの準備をする際や、ふりかえりを始める直前に、全員でカイゼン内容を確認してから、ふりかえりを始めるようにしましょう。

アクションの実行に関する悩み

毎回アクションを作っても
なかなか実施されないのは何でだろう?

　アクションが実行されない原因の多くは、アクションが具体的でないことです。そのアクションは「ミスをしないようにする」といった、どうすれば達成できるのか具体的な方法がわからない内容になっていないでしょうか。この場合は、アクションを実行できるよう方法や中身を具体的にしてください。第8章のSMARTな目標 p.236 を参考に、具体的なアクションを作ってみましょう。

　また、アクションを作ったら、タスクリストの最初に入れて、ふりかえりが終わってからすぐに取り組むようにしてみましょう。**ふりかえりで作ったアクションは、すぐに実行してカイゼンする**。それくらいのスピード感で、チーム全員でカイゼンをしていきましょう。

アクションって
全部成功させないといけないの?

　アクションは「必ず成功する」ものでなくて大丈夫です。アクションは**実行できる**ことが大事であって、「成功する」ことはそれほど重要ではありません。毎回成功するようなアクション、すなわち最初から結果が見えているようなアクションは、表層上の問題は解決できても、根本の問題の解決には繋がらないことが多いのです。どう解決したら良いかわからない問題に対して、少しずつ実験的にアプローチをしていく、という意識を持ってみましょう。

アクションが多すぎて…。
どこから手をつければいいの?

　アクションの数が適切かを確認しましょう。アクションの数が10個も20個もあると、多すぎて実行しきれません。もし、毎回のアクションの数が多すぎるのであれば、最大でも3つに絞ってみましょう。少しずつカイゼンして、その変化を確かめていったほうが、成長の実感もついてモチベーションが高まりやすくなります。

　また、過去のアクションがたまりすぎているのであれば、一度アクションの棚卸しをしてみると良いでしょう。第8章の**アクションのフォローアップ** p.194 を実践してみてください。

アクションをやったものの、何かが
変わっているような気がしないんだけど…

　アクションの結果は確認していますか?　アクションを作って実行するだけ、ではチームにどんな影響が起こっているのかがすぐにはわかりません。アクションを実行した一人の中だけで完結してしまっている可能性もあります。

　アクションを実行したら、その結果どのような変化が起こったのか、チームで話し合ってみましょう。そのアクションが良い影響を与えているのであれば、チーム全体にその影響を広げたり、よりチームに良い変化をもたらすようなアクションへと進化させていきます。もし何も変化していないのであれば、アクションの作り方を見直す良いきっかけになります。悪い影響が起こっているならば、すぐに元に戻しましょう。アクションも細かく確認し、カイゼンしていくのです。

意見を可視化するマインドマップ

　ふりかえりの中では、さまざまな意見が飛び交います。付箋やホワイトボードに表されていない情報が言葉で話される、というのも日常的に発生します。そんなときに交わされた意見を可視化できると、議論の方向性や状況が明らかになり、より具体的なアイデアを話せるようになったり、ふりかえりの目的を達成しやすくなったりします。ここでは、意見を可視化するためのテクニックとして、マインドマップを紹介します。

　マインドマップは、思考のプロセスを可視化するのに役立つ、放射状にアイデアを広げていく可視化手法です。アイデア同士を線で繋げて関連を表したり、線で繋ぐことで出来事やアイデアを掘り下げたりします。

　Web　https://www.ayoa.com/previously-imindmap/

　世界共通の商標であるMind Mapsでは、厳密にマインドマップの書き方が定義されています。ただし、ふりかえりなどのブレインストーミングで扱う際に、全員が作法を守って行うのは難しいでしょう。作法は気にせず、関連する意見同士を線で繋いだり、丸を付けて強調したりしながら、枝（ブランチ）を伸ばすように描いてみてください。ホワイトボードの中央にテーマを書いて、外へ外へと枝を伸ばすようにすると、全体感をつかみやすくなります。

　可視化をするコツは、きれいにしようとしすぎないことです。汚くてもいいので、どんどん可視化していきましょう。可視化されていった意見は、たとえ汚くなったとしても、その場にいる参加者には伝わります。字や絵の汚さを気にせず、どんどん書いていってください。字や絵のきれいさよりも、可視化されることに価値があります。

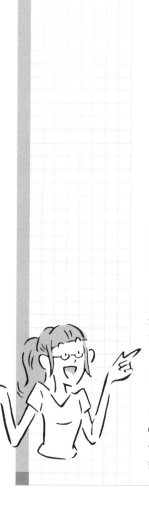

Chapter 12

スクラムと
ふりかえり

スクラムガイドから読み解く
　スプリントレトロスペクティブの定義
　スクラムマスターの役割

　スクラムを取り入れているチームは、「スプリントレトロスペクティブ」としてふりかえりの活動を行います。スクラムでの定義もあわせて押さえておきましょう。

　この章では、スクラムを行っている人に向けて、スプリントレトロスペクティブ（ふりかえり）の役割を解説します。スクラムとふりかえりの両方の理解を深めていきましょう。

スクラムガイドから読み解く

スプリントレトロスペクティブの定義

　アジャイル開発のプロセスフレームワークである「スクラム」では、スクラムのルールブックである「スクラムガイド」の中に、スプリントレトロスペクティブ（ふりかえり）のことを定義しています。第1章で説明した「ふりかえりの目的と段階」である、

- 立ち止まる
- チームの成長を加速させる
- プロセスをカイゼンする

を意識すると、スクラムガイドの説明も理解しやすくなるはずです。なお、本書では執筆時点の最新版であるスクラムガイドの2020年版※1から引用しています。最新の定義もあわせて確認すると、より理解が深まるでしょう。

> 　スプリントレトロスペクティブの目的は、品質と効果を高める方法を計画することである。
> 　スクラムチームは、個人、相互作用、プロセス、ツール、完成の定義に関して、今回のスプリントがどのように進んだかを検査する。多くの場合、検査する要素は作業領域によって異なる。

※1　スクラムガイド（日本語版）PDF
　　　https://www.scrumguides.org/docs/scrumguide/v2020/2020-Scrum-Guide-Japanese.pdf

スクラムチームを迷わせた仮説があれば特定し、その真因を探求する。スクラムチームは、スプリント中に何がうまくいったか、どのような問題が発生したか、そしてそれらの問題がどのように解決されたか（または解決されなかったか）について話し合う。

スクラムチームは、自分たちの効果を改善するために最も役立つ変更を特定する。最も影響の大きな改善は、できるだけ早く対処する。次のスプリントのスプリントバックログに追加することもできる。

スプリントレトロスペクティブをもってスプリントは終了する。スプリントが1か月の場合、スプリントレトロスペクティブは最大3時間である。スプリントの期間が短ければ、スプリントレトロスペクティブの時間も短くすることが多い。

出典：スクラムガイド（日本語版）PDF

聞きなれない言葉が多いかもしれませんが、安心してください。簡素な言葉に変えながら、少しずつ解説していきます。ここでは5つの段落ごとに分けて、ポイントを説明していきます。

- スプリントレトロスペクティブの目的
- スプリントレトロスペクティブで検査する内容
- スプリントレトロスペクティブで話し合う内容
- スプリントレトロスペクティブのアクションの作成
- スプリントレトロスペクティブの時間

スプリントレトロスペクティブの目的

スプリントレトロスペクティブの目的は、品質と効果を高める方法を計画することである。

出典：スクラムガイド（日本語版）PDF

スプリントレトロスペクティブでは、**チームの品質**と**チームの効果**を高

め、より大きな価値を生み出せるようになるためにできることを話し合います。チームの品質とは、スクラムを実践するチームのプロセスや、チームのコミュニケーションといった「チームそのもの」の品質のことです。チームの効果とは、チームがコラボレーションによって生み出す相互作用や、プロダクト、ステークホルダーなどのチームの周囲やチーム自身に与える良い影響のことです。これらの品質と効果を高めるための計画をする場がスプリントレトロスペクティブです。

　このためには、チームのプロセスについて見直して、つらく面倒くさいと感じる部分を全員で取り除いたり、より良いやり方を模索するために今までやったことのないことに挑戦してみたり、というアクションが必要です。これらのアイデアは反省会のような雰囲気からは生まれにくいものです。スプリントレトロスペクティブそのものも楽しい雰囲気でできるように進めていきましょう。

スプリントレトロスペクティブで検査する内容

　スクラムチームは、個人、相互作用、プロセス、ツール、完成の定義に関して、今回のスプリントがどのように進んだかを検査する。多くの場合、検査する要素は作業領域によって異なる。

出典:スクラムガイド（日本語版）PDF

　スプリントレトロスペクティブでは、チームの状態を確認（検査）します。チームメンバーそれぞれが持っている情報を共有し、チームが目指すゴールに着実に向かっているか、チームのコミュニケーションが健全か、などを確認するのです。確認する観点は**個人、相互作用、プロセス、ツール、完成の定義**です。

　スプリントレトロスペクティブを初めて行う多くの人は、「プロセス」「ツール」の観点から問題の改善を図ろうとしがちです。これらも必要ですが、まず見るべき観点は「個人」「相互作用」であり、「チームのコミュニケーションとコラボレーションがうまくできているか（互いに良い相互作用を与えられているか）」を考える必要があります。

　チーム内でのコミュニケーションがうまくいっていない状態でプロセスの変更やツールの導入をしても、プロセス上の課題は完全には解決されません。課題が残ったままのプロセスが、チーム全体へと広がってしまいます。

　チームの初期に起こる多くの問題は、チームのコミュニケーションによって発生

する相互作用によって徐々に改善、解決されていきます。まずは「個人」「相互作用」に着目してみましょう。

そうしたうえで、「プロセス」「ツール」「完成の定義」の検査もします。とくに「完成の定義」についてはプロダクトの品質に直結し、プロダクトを生み出す「チームの品質」にも繋がります。チームの品質を高めるために、チームとして「完成の定義」をどのように扱っていくか、チーム全員で話し合っていきましょう。

スプリントレトロスペクティブで話し合う内容

> スクラムチームを迷わせた仮説があれば特定し、その真因を探求する。スクラムチームは、スプリント中に何がうまくいったか、どのような問題が発生したか、そしてそれらの問題がどのように解決されたか（または解決されなかったか）について話し合う。

出典:スクラムガイド（日本語版）PDF

ここで着目してほしいのは**何がうまくいったか**です。不確実性の高い、進め方を模索しながら行う仕事だからこそ、アジャイル開発やスクラムを選択しています。

「どのような問題が発生したか」だけでなく、チームのうまくいった部分を確かめ、チームがうまくいく範囲を徐々に広げていきます。このときに、「問題がどのように解決されたか」という情報も役立ちます。たとえば、今までちぐはぐだったオンライン環境でのコミュニケーションを、チームの誰かが上手に取っていることがわかったら、それを全員で真似してみる、といった具合です。

そして、うまくいかなかった部分にも目を向けます。「どのような問題が発生したか」「どの問題が解決されなかったか」といったマイナスをプラスにする活動と、プラスをさらにプラスにする活動の両面から、チームのパフォーマンスを高めていきます。

また、「何がうまくいったか」「どのような問題が発生したか」の**真因**を探ります。なぜそれがうまくいったのか、なぜうまくいかなかったのか、要因を深く掘り下げていくことで、チームが次に起こすべき行動のアイデアが生まれやすくなります。この要因の掘り下げには、第8章で紹介している**5つのなぜ** p.189 が役立ちます。

| スプリントレトロスペクティブのアクションの作成

> スクラムチームは、自分たちの効果を改善するために最も役立つ変更を特定
> する。

出典:スクラムガイド（日本語版）PDF

チームがもたらす「効果」を最大限に引き出すためのアクションを検討しましょ
う。チームが結成されたばかりのころは、チームの情報共有や関係性を高める活動
に注力して、明示的なアクションが出なくてもかまいません。ただし、そのような
際にも、チームから出てきた「次はこれをやりたいね」「ここをカイゼンしたら良い
かも」という発言を大事にします。スプリントレトロスペクティブを繰り返しなが
ら、その発言を促しつつ、少しずつアクションという目に見えるものにしていけれ
ば問題ありません。

> 最も影響の大きな改善は、できるだけ早く対処する。次のスプリントのスプ
> リントバックログに追加することもできる。

出典:スクラムガイド（日本語版）PDF

アクションを作ったらすぐに実行するようにしましょう。スプリントレトロスペ
クティブが終わってからすぐにアクションを行動に移せば、確実にカイゼンされて
いきます。チームのタスクリストがあれば、最優先のタスクにアクションを配置
し、真っ先にチームのカイゼンを行うのも良いでしょう。

ありがちなのは「アクションを決めたものの行われなかった」というケースで
す。チームの変化のきっかけを大切にするためにも、チーム全員で協力してアク
ションを実行するよう働きかけましょう。

アクションの結果は、うまくいくかどうかはわかりません。想定と違う結果に
なったとしても、学びは得られます。成功することよりも実行することが大事で
す。

なお、チームにとってのカイゼンは、スプリントレトロスペクティブの場だけで
行うものではありません。日々の活動で自然と問題が解決され、新しいことにも
チャレンジしていける。そうしたきっかけ作りがスプリントレトロスペクティブな

のです。

　スプリントレトロスペクティブを通じて、チームが日常的にカイゼンやチャレンジをしていける環境を作っていきましょう。

スプリントレトロスペクティブの時間

> 　スプリントレトロスペクティブをもってスプリントは終了する。スプリントが 1か月の場合、スプリントレトロスペクティブは最大3時間である。スプリントの期間が短ければ、スプリントレトロスペクティブの時間も短くすることが多い。

出典：スクラムガイド（日本語版）PDF

　1か月のスプリントであれば最大3時間とされているため、単純に計算すれば、1週間のスプリントであれば45分程度をスプリントレトロスペクティブに費やします。ただし、慣れないうちは、1週間のスプリントであれば、60分〜120分程度時間を取るのが良いでしょう。

　2週間のスプリントであれば、90分〜150分程度時間を取ります※2。慣れてきたら、チームみんなで相談しながら、時間を短くしていけば良いですが、最初から時間を短く設定しすぎるのはおすすめしません。スプリントレトロスペクティブが不完全燃焼に終わり、効果が実感しにくくなってしまうためです。

スクラムマスターの役割

　スプリントレトロスペクティブに関連する項目として、「スクラムマスター」の章には以下のように記述されています。

> 　すべてのスクラムイベントが開催され、ポジティブで生産的であり、タイムボックスの制限が守られるようにする。

出典：スクラムガイド（日本語版）PDF

※2　スプリントレトロスペクティブの対象期間や参加人数によっても、必要になる時間は変わります。スプリントレトロスペクティブ（ふりかえり）に必要な時間は、第1章「ふりかえりって何？」の表1.1 p.14 で詳しく説明しています。

▌すべてのスクラムイベントが開催されるようにする

このスクラムイベントの中には、スプリントレトロスペクティブが含まれます。

スプリントレトロスペクティブがスキップされてしまうと、チームに問題がたまりやすくなります。そして、スキップされる理由の多くは、スプリントレトロスペクティブの目的を理解してもらえず、「ただやるだけ」「やらされているだけ」のイベントになってしまうことです。

そうならないよう、スプリントレトロスペクティブの目的や意義をチーム全員に共有しておきましょう。

▌すべてのスクラムイベントがポジティブで生産的になるようにする

ポジティブというと「前向き」といった精神面を想像しがちですが、それ以外にも「建設的な」「実用的な」という意味もあります。

ただし、「実用的」の部分だけを意識しすぎると、効率を追い求めすぎて、スプリントレトロスペクティブが無味乾燥なものになりがちです。チームが少しでも前に進み、変化と成長のきっかけを得られれば、それだけでもポジティブなものになっている、と考えて良いでしょう。

そういったスプリントレトロスペクティブをできるよう、スクラムマスターだけでなく、チーム全員でスプリントレトロスペクティブそのものをデザインしていきましょう。

▌タイムボックスの制限が守られるようにする

タイムボックスをわかりやすく簡単に言い換えれば、**設定した時間内にふりかえりの目的が達成されるように伝える**ということです。

チーム全員で時間内にアウトプットを作り上げるという意識がなければ、他の打ち合わせやスクラムのイベントも、ダラダラと集中力の欠いた状態で続けてしまいがちです。

スプリントレトロスペクティブでも、設定した時間内に終わるよう、全員で協力して進めていきます。それぞれが積極的に会話に参加し、アイデアを次々と生み出していきましょう。もし時間内に終わらないようなら、スプリントレトロスペクティブそのものの改善について話し合ってみましょう。

Chapter **13**

ふりかえりの
守破離

ふりかえりの「守」
ふりかえりの「破」
ふりかえりの「離」

ふりかえりを学び、使いこなせるまでにはどんな道をたどっていくのでしょうか。
ここでは、ふりかえりの1つの成長の道を見ていきましょう。

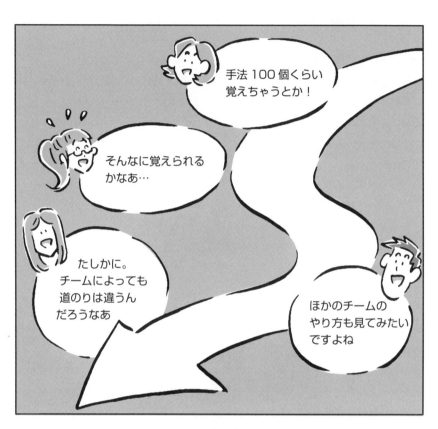

守破離は、武道や茶道などで使われる考え方で、もとは千利休の教えを和歌集にした『利休道歌』の一首、

「規矩作法 守り尽くして 破るとも 離るるとても 本を忘るな」

から作られた言葉です。この和歌の意味は、

「規矩（規範の）作法（教え）を守り尽くし、教えを破り、離れたとしても、本（本質）を見失うな」

であり、基本を会得しないまま基本を破ったり離れたりするとうまくいかない、ということも示しています。

「守破離」についてもう少し詳しく見ていきましょう。

「守破離」ではまず、師から基本の「型」を学びます。その型を反射のレベルでできるようになるまで繰り返し実践します。これが**守**です。

そして、一人の師だけでなく、他の師や流派からも型を学び、これまで学んだ型を自身で解釈します。すると、既存の型を破り、新たな型を生み出せるようになっていきます。これが**破**です。

新たな型を身につけながら、基本に立ち戻ったとき、「型」の根本・本質が見えてくるようになります。その本質を見据えて型を見つめ直したとき、既存の型にとらわれず、自在に動けるようになります。これが**離**です。

この守破離は、武道や茶道だけでなく、ふりかえりにも適用可能な考え方です。あなたのふりかえりも「守破離」の概念によって、「型」を知り、実践から始めることで、着実に成長を遂げることができるようになるでしょう。

「守破離」の段階を踏むためには、とにかく実践と、ふりかえりそのもののふりかえりが欠かせません。ふりかえりをするたびに、「ふりかえりのふりかえり」をして、チームにあった形を見つけていく意識を持ちましょう。

それでは、ふりかえりの「守破離」をひもといていきましょう。

ふりかえりの 「守」

　誰しも、ふりかえりを**知る**ことからスタートします。ふりかえりの目的を知り、ふりかえりを試します。まずは、何度も同じやり方を繰り返して、ふりかえりをカイゼンしながら、ふりかえりの進め方を身に着けていきます。

　世の中にはふりかえりの書籍や、ふりかえりの手法が書かれたWebサイトがいくつもあります。そして、本書にも20の手法が載っています。このうちのいくつかの手法に着目し、マネをしてみるところから始めてみましょう。

　ふりかえりの**守**とは、これらの情報に載っているふりかえりの手法を、そのままそっくりマネしてみることです。いきなり現場に合わせて改変しようとせず、説明の通りに実践してみてください。まずは、本書で紹介している手法を実践してみるのが良いでしょう。本書では、あまたの手法の中でも、使いやすく、習熟しやすい手法のみを厳選しています。

　もし、他のふりかえりの手法も詳しく知りたければ、巻末の「参考文献」を参考にしてみてください。

ふりかえりの 「破」

　ある特定の手法を何度も繰り返し実践すると、何かを意識せずとも手法を型通りに実践できるようになります。すると、他の手法にも積極的に手を出せるようになります。

　ふりかえりの進め方のうち、一部だけを変えてみたり、またはすべてを取り換えてみたりとさまざまな実験をするうちに、慣れ親しんだ手法と型、新しい手法と型の差分が見えてきます。これがふりかえりの**破**です。

　これを繰り返すと、さまざまな手法の中にある、共通する考え方が見えてきます。その考え方は、「パターン」として形成されていき、「この場合にはこうすればうまくいきそうだ」という経験則が培われます。経験則をさらに高めていくことで、「チームの現状に合わせて事前に何パターンか構成を練り、それに沿ってふりかえりを行う」といったことができるようになっていきます。ふりかえりの中で想

定外のことが起こったときにも、動じずにその場で対処できるようになります。

ふりかえりの「離」

「破」の状態でふりかえりのさまざまな手法や型を繰り返し、実践を続けます。そして、ふと、もとの慣れ親しんだ手法（KPTなど）に立ち戻ったとき、それまでとは違った観点に気がつくことができるでしょう。

「どういった意図でそのふりかえりの手法が作られているのか」という製作者の意図、また「なぜこのような問いが設定されているのか」というふりかえり手法の設計の意味を考えられるようになるはずです。これらの観点から手法を理解できるようになれば、それぞれの「本質」を崩さずにさまざまな手法を自分なりに繋ぎ、混ぜ合わせることで、チームに適した手法の選択や作成ができるようになります。これが、ふりかえりの**離**です。

この状態まで来れば、ふりかえり以外の知識をふりかえりに活かしたり、逆にふりかえりの知識をそれ以外に活かしたり、という活動が日常的に行えるようになります。

「使い道がないかもしれない」と思っていた手法にも、その手法が作られた背景が想像できるようになると、エッセンスを抽出して、自分たちが使いやすい形へ変形させ、本質を崩さずにふりかえりをできるようになります。そして、「ふりかえりというものは、本質はとても単純で、それでもとても奥が深いものだ」という魅力に気づくでしょう。

あとは、チームでチームのためのふりかえりを作り上げていくだけです。今のふりかえりをより良い形へとカイゼンしたり、ふりかえりの手法を変えたりするのも自由自在です。自分たちのために使えそうな考え方をピックアップして、自分たちにとって楽しい、効果の高いふりかえりを作っていきましょう。

Chapter **14**

ふりかえりを組織に
広げるために

ふりかえりの活動の広げ方

「ふりかえりはチームに定着してきた。この活動をまわりにも広げていきたい」。
そんなときにどうすれば良いのでしょうか。

でもそういうところから
スタートするってことだよね

さっそく試して
みたいな

すごく
イメージは
わいたよね

でもうちのチームは
時間を確保するのが
難しそうなのが不安…

あーたしかに

それなら、それぞれのチームで
興味がある人を集めて、
まずは小さくはじめてみるのは
どうでしょう？

それいいかも！

さっそく声かけて
みるよ！

一緒にいい形を考えて
いきましょう！

これで最初の一歩は
踏み出せたかな…

ふりかえりの活動の広げ方

　ふりかえりは変化のきっかけを与えてくれる活動です。あなたがチームで行っているふりかえりの活動を、チーム内から組織へと広げ、チームの外でも実践する機会が訪れることもあるでしょう。この章では、ふりかえりをどのように外部に伝え、広げていくと良いのかについて説明していきます。

　ふりかえりを伝え、広げていく方法には、「こうすれば必ずうまくいく」というものはありません。伝える先のチームの環境が異なれば、これまで自分のチームでうまくいっていた活動をそのまま横流ししても、うまくいくとは限らないためです。

　ただし、他の人にふりかえりを伝え、広げていく際に、いくつかのパターンに沿っていくことで、活動を広げやすくすることはできます。あなたの現場やあなたを取り巻く現状に合わせて、広げ方を選択していってください。

ふりかえりをしている姿と結果を見てもらおう!

　すでにふりかえりを始めているチームの様子を、興味がある人に見てもらうのはとても効果的です。ふりかえりをしたことがない人にとっては、どんな会話をしているのか、どんな効果が得られるのかは言葉だけでは伝わりにくいものです。実際に様子を見てもらえれば、ふりかえりのイメージが鮮明なものになります。可能であれば、ふりかえりを導入しようとしているチームのメンバー全員に来てもらい、様子を見てもらうと良いでしょう。

　ふりかえりの中で行われるコミュニケーションや、議論の一連のプロセスなどを実際に見ると、「ふりかえりはやる意義がある活動だ」と理解してもらいやすいはずです。

　また、実際に前回のふりかえりでのアクションが実行されたという結果を見せることができれば、ふりかえりの効果の説得力も増します。

　なお、ふりかえりをしている「姿」と「結果」を必ずセットで見せてください。

結果（Wikiなどにまとめた情報）だけを見せても、チームの部外者からすると「これだけの時間議論して、こんな結果しか出ていないのか」と感じてしまうこともあります。ふりかえりの真価は、**ふりかえり以外の活動の活性化にある**ことを理解してもらえるようにしましょう。

> ## 忙しすぎるチームは「小さなカイゼン活動」から始めてみるといいかも！

「ふりかえりはやってみたいけれど、忙しすぎてふりかえりのための時間を確保できない！」と考えている人がいたら、5〜10分程度の時間で良いので、立ち止まる時間を提案してみましょう。朝会・昼会・夕会のような情報共有をする時間を作るか、全員で5分だけ一緒に話し合う時間を作ります。その中で、

- 次にどんなことをすれば良いか

という未来志向の話をするカイゼン活動を始めていくのです。ゆるやかに問題の共有と解決が行われ、「忙しすぎる」という状況も解消されていきます。

もしくは、定例会議や打ち合わせの最後の5分を使って、その会議のカイゼン活動を全員で行ってみましょう。

- より効果的な会議にするためにはどうすれば良いか
- 次回の定例までにどのようなことができそうか

といった議題で話し合います。すると、次第に会議やその準備が行いやすくなっていき、他の仕事での余裕が生まれてきます。

こうした「小さなカイゼン活動」が定着していくことで、新しい活動を行いやすくなります。チーム全体のカイゼン活動の場として「ふりかえり」を提案し、目的や内容をしっかりと説明すれば、ふりかえりの導入も難しくはないでしょう。

この際には、「ふりかえりは必ずカイゼンをする（アクションを出す）ものだ」という思い込みをしているメンバーがいるかもしれないことに注意してください。最初に、**ふりかえりは必ずしもカイゼンをしなければならない（アクションを出すための）場というわけではない**ということを説明しておきましょう。

興味のある人から、少しずつ巻き込んで広げよう!

　いきなりトップダウンで「ふりかえりを今から全員でやります」と言っても、人はついてきてくれません。最初は、興味のある人から少しずつ巻き込んでいきましょう。まずは、集まってくれた人と一緒にふりかえりをして、

- チームの現状
- 困っていること
- 次にどんなアクションをするか

を話し合ってみると良いでしょう。

　1つのチーム内で興味のある人を集めても良いですし、複数チームから興味のある人を募っても良いでしょう。チーム横断的にふりかえりをする場合、アクションは「チームで何をするか」のように検討し、その結果をふりかえりの場でフィードバックするようにします。

　そして、この少人数でかつ興味のある人たちの集まりで行うふりかえり（コアメンバーでのふりかえり）では、どんなことをしているのか、ぜひ周囲に伝えるようにしてください。また「来るもの拒まず」の姿勢で、ふりかえりの場にはいつでも誰もが参加できるようにしておくと良いでしょう。コアメンバーの中に、新しく興味を持ってくれた人が入ってくれば、ふりかえりの活動をより浸透させやすくなります。

　また、ふりかえりの活動が行われていることを、周囲の人が認知していれば、
　「ふりかえりで出たアクションなんだけど、みんなでやってみませんか」
とチーム全体に声かけをすることで、そのアクションを受け入れやすい状態を作ることができます。そして、チームでアクションを実行できるような段階になれば、ふりかえりを受け入れる体制は整い、心理的なハードルも解消されていると考えて良いでしょう。その状態で
　「チームみんなでふりかえりをやってみたい」
と伝えれば、きっとふりかえりを始めることができるはずです。

エピローグ

謝辞

　このたび、たくさんの方の協力を得て、本書『アジャイルなチームをつくる ふりかえりガイドブック』を書き上げることができました。この場を借りて、感謝いたします。自費出版の技術同人誌から始まった私のふりかえりへの想いを、こうして読者の皆さんの手に届く一冊にできたことをとても嬉しく感じます。

　本書の全体構成と内容について、お忙しい中でも時間を割いて多大なご指導をいただいた吉羽龍太郎さん、西村直人さん、永瀬美穂さん。三人のおかげで、本書の位置づけや基本方針を軌道修正し、固めることができました。本当にありがとうございます。

　また、本書のレビューにご協力いただいた秋元利春さん、稲山文孝さん、小田中育生さん、及部敬雄さん、金山貴泰さん、田嶋健太さん、田中亮さん、原田騎郎さん、堀宏有さん、増田謙太郎さん。皆さんが読者目線で多岐にわたる指摘をしていただいたおかげで、私一人ではきっと作り上げられなかった内容の本に仕上げることができました。

　そして、本書を制作するうえで、後押しをしてくださった翔泳社の岩切晃子さん。編集として毎週裏で支えていただいた翔泳社の片岡仁さん、大嶋航平さん、吉井奏さん。素敵なマンガを描いていただいたイラストレーターの亀倉秀人さん。家での執筆に快く協力してくれた妻・彩実と、いつも元気をくれた息子・青葉。ありがとうございます。

　最後に、ふりかえりの世界を広げ続けてきた先人たちに感謝いたします。私のふりかえりの世界は、先人たちが書籍や記事、Webサイトという形で伝えてくれたさまざまな情報によって始まり、広がってきました。先人たちの大切にしていたことが、本書によって読者の皆さんにわかりやすく伝わっていれば幸いです。

著者紹介

| 森 一樹 (もり かずき)

チームファシリテーター／ふりかえり実践会／一般社団法人アジャイルチームを支える会。

チームの力を最大化させ、日本のIT企業を輝かせるために、SIerの受託開発現場の中でファシリテーター・アジャイルコーチとして活動している。大規模案件を複数経験後、組織を良い方向に促進するためには、ふりかえりによる継続的なカイゼンが大切だと実感。それ以後、ふりかえりを探求し続けている。

「チームファシリテーション」というチーム力を高める手法を軸に、さまざまな企業に対して、チームビルディングやふりかえりなどにより企業・組織のアジリティを高めるためのサービスを展開。アジャイル系のコミュニティを複数運営し、ふりかえりを広める活動を続けている。イベントでは、もっぱら「黄色い人」。ふりかえりの導入・定着、チームビルディングに関する相談・研修も実施中。

Qiita https://qiita.com/viva_tweet_x/　　**Twitter** @viva_tweet_x

私がふりかえりに出会ったのは2015年。炎上したプロジェクトの終了後に、マネージャーに「ふりかえりをするぞ」と言われてやったのが最初です。そのときはProblemだけが大量に出てきました。そして、ふりかえりの結果は活かされずに終わり。うんざりして二度とやりたくないと思った記憶があります。

そこから2年。アジャイル開発に出会い、チームでふりかえりをして衝撃を受けました。こんなに楽しく、チームに良い変化を起こせる活動があるのか、と。ふりかえりに魅せられてしまったわけです。そこからは、「楽しいふりかえり」を発信し続け、自分でもふりかえりを研究し続けています。

「二度とやりたくない」とまで思ったふりかえりが、今、こうして自分の血肉になっているとは夢にも思いませんでした。今後もふりかえりの世界は広がっていきます。もし本書の考え方に共感していただけたなら、あなたも私と一緒に、「楽しいふりかえり」を伝え、広げていってください。

参考文献

　ふりかえりをより広く、深く学ぶためのふりかえりの文献を紹介します。筆者もこれらを参考にふりかえりを実践しています。

ふりかえり全般に関する書籍

『アジャイルレトロスペクティブズ 強い | Esther Derby・Diana Larsen：著／角征典：訳
チームを育てる「ふりかえり」の手引き』 | （2007・オーム社）ISBN：9784274066986

「アジャイル開発」に関するふりかえりの進め方が書かれた本です。さまざまな手法を探すときにとても役立つでしょう。本書『アジャイルなチームをつくる ふりかえりガイドブック』で解説したふりかえりの進め方は、こちらの本から多大な影響を受けています。

ふりかえり全般に関するイベント

ふりかえり am | https://anchor.fm/furikaerisuruo/

ふりかえりのことを定期的に発信している、著者の Podcast です。ふりかえりに関するさまざまな情報を、ゲストを交えながら発信しています。本書の執筆時点で episode 36 まで配信しており、月2〜4のペースでラジオを発信しています。

ふりかえり実践会 | https://retrospective.connpass.com/

ふりかえりやアジャイル開発に関するイベントを実施している著者主催のコミュニティです。月2〜4のペースで「スクラムガイドを読み解いてみよう」「ふりかえり am 公開収録」「ふりかえりワークショップ」などを行っています。

KPTに関する書籍・URL

『これだけ！KPT』 | 天野勝：著（2013・すばる舎）
| ISBN：9784799102756

KPT を広めた第一人者である天野勝さんが KPT を詳細に解説している本です。

『LEADER's KPT』 | 天野勝：著（2019・すばる舎）
ISBN：9784799107515

天野勝さんによる2冊目の**KPT**本です。リーダー観点から見たふりかえりの考え方が載っています。リーダーやマネージャーの方は、この本で**KPT**を学ぶと良いでしょう。

『管理ゼロで成果はあがる～「見直す・なくす・やめる」で組織を変えよう』 | 倉貫義人／著（2019・技術評論社）
ISBN：9784297103583

冒頭に**KPT**の進め方が簡潔に載っています。**KPT**を簡単に学べるほか、組織のマネジメント方法も学ぶことができる本です。

プロジェクトファシリテーション実践編 ふりかえりガイド | http://objectclub.jp/download/files/pf/RetrospectiveMeetingGuide.pdf

Webから参照できる**KPT**のふりかえりのガイドの中で、最も重宝するのがこちらです。定期的に更新されており、**KPT**のQ&Aも掲載されています。

| 複数のふりかえり手法に関する書籍・URL

『いちばんやさしいアジャイル開発の教本 人気講師が教える**DX**を支える開発手法』 | 市谷聡啓・新井剛・小田中育生：著（2020・インプレス）
ISBN：9784295008835

YWT、KPT、Fun／Done／Learnが紹介されています。また、アジャイル開発のことを学ぶのにも適した本です。

『カイゼン・ジャーニー』 | 市谷聡啓・新井剛：著（2018・翔泳社）
ISBN：9784798153346

YWT、KPT、タイムライン、「ふりかえりのふりかえり」が紹介されています。また、未来志向の「むきなおり」という活動も紹介されています。

『ふりかえり読本 場作り編～ふりかえるその前に～』 | 森一樹：著（2018）

「ふりかえりの場を作る」ための考え方や、場作りに活用できる20の手法が紹介されています。

『ふりかえり読本 学び編〜経験を力に変えるふりかえり〜』　森一樹：著（2018）

学びや気づきを力に変えるための考え方や、ふりかえりの継続法、さまざまな場で使える 23 の手法が紹介されています。

『ふりかえり読本 実践編〜型からはじめるふりかえりの守破離〜』　森一樹：著（2019）

本書『アジャイルなチームをつくる ふりかえりガイドブック』で紹介した「ふりかえりの 8 つの目的」 p.93 に沿って、8 つのふりかえりの構成の例が詳細に解説されています。

アジャイルふりかえりから価値を生み出す - ふりかえりエクササイズのツールボックス　https://www.infoq.com/jp/minibooks/agile-retrospectives-value/

Ben Linders・Luis Gonçalves：著／大田 緑・（株）チェンジビジョン・松田友里・新田容子：訳（2014）

帆船、5 つのなぜなど 13 の手法が紹介されています。

FunRetrospectives　http://www.funretrospectives.com/

有志によるふりかえりに関する手法が集められたサイトです。各手法の説明は少なめですが、多数の手法が載っています。Web サイトから書籍版も購入できます。

Retromat　https://retromat.org/en/

FunRetrospectives 同様、有志によるふりかえりに関する手法が集められたサイトです。多言語による記事が投稿されています。

Agile Retrospective Resource Wiki　https://retrospectivewiki.org

FunRetrospectives 同様、有志によるふりかえりに関する手法が集められたサイトです。手法 1 つでふりかえりが完結するような、時間が長めの手法が多く集められています。

RANDOMRETROS.com　https://randomretros.com/

ランダムにふりかえりの手法を表示してくれ、手法の説明や、ふりかえりの順序を表示してくれるサイトです。楽しい手法がたくさん載っているので、新しい手法に出会いたいときに最適です。

索引

ふりかえりチートシート

ふりかえりのお供に、チームみんなでお使いください

▶ ふりかえりの手法と使い方

手法名	概要
DPA	どんな雰囲気にしたいか、どんなことをするかを話し合って、ふりかえりのルールを決める
希望と懸念	心の中に抱えている懸念と希望を話し合い、ふりかえりのテーマを最大2つ決める
信号機	赤・黄・青の3色のドットシールで、ふりかえり前後に自分の心境を表明する
ハピネスレーダー	「ふりかえりの対象期間にどんなことがあったか」を3つの感情の顔文字に合わせて表現する
感謝	チームの誰かへの感謝を伝え合う。前向きなことを考える心の準備をする
タイムライン	チームに起こった事実と感情を両方合わせて書き出し、全員で共有する
チームストーリー	コミュニケーションとコラボレーションに焦点を当てて、チームに起こった出来事を話し合う
Fun／Done／Learn	Fun・Done・Learn の3つの円を描き、学びや気づき、チームの活動や達成できた目標を話し合う
5つのなぜ	なぜを繰り返して事象の要因を深く掘り下げていく。良いところの掘り下げにも活用できる
アクションのフォローアップ	これまで実行してきたアクションをAdded、Doing、Pending、Dropped、Closedに分類して見直す
KPT	出来事を思い出してからKeep、Problem、Tryの順に話し合い、カイゼンのアイデアを出す
YWT	やったこと、わかったこと、次にやることの順に話し合い、カイゼンのアイデアを出す
熱気球	熱気球(チーム)、上昇気流(加速要因)、荷物(減速要因)のメタファを使って話し合う
帆船	帆船(チーム)、追い風(加速要因)、イカリ(減速要因)、岩(リスク)、島(ゴール)のメタファを使って話し合う
スピードカー	スピードカー(チーム)、エンジン(加速要因)、パラシュート(減速要因)、崖(リスク)、橋(アイデア)のメタファを使って話し合う
ロケット	ロケット(チーム)、エンジン(加速要因)、隕石(リスク)、衛星(チームの手助け)、宇宙人(思いがけないアイデア)のメタファを使って話し合う
Celebration Grid	ミス・実験・プラクティス×成功・失敗の6象限で学びや気づき・実験を祝い合う
小さなカイゼンアイデア	1%だけでもカイゼンできる方法をたくさん考える
Effort & Pain	Effort(アクションの実行にかかる苦労や労力)とPain(どれくらい「痛み」を解消するか)の2軸で分類
Feasible & Useful	Feasible(どれほど実現可能性が高いか)とUseful(どれほど役に立つか)の2軸で分類
ドット投票	ドットシールを一人10枚持って、重みづけしながら投票する
質問の輪	「次に取り組むべきことは何か」という質問を投げ合いながら、チームの合意を形成しつつアクションを作る
SMARTな目標	Specific、Measurable、Achievable、Relevant、Timely／Time-bounded に基づいてアクションを具体化する
＋／Δ	＋(良かったこと、うまくいったこと)、Δ(カイゼンしたいこと)を話し合ってアイデアを出す

▶ふりかえりの目的と段階

段階に合わせてふりかえりの目的と進め方を考えよう

1. 立ち止まる
2. チームの成長を加速させる
3. プロセスをカイゼンする

▶ふりかえりのマインドセット

6つのマインドセットを大切にしてふりかえりを進めよう

1. 受容する　　2. 多角的に捉える
3. 学びを祝う　4. 小さな一歩を踏み出す
5. 実験する　　6. 高速にフィードバックを得る

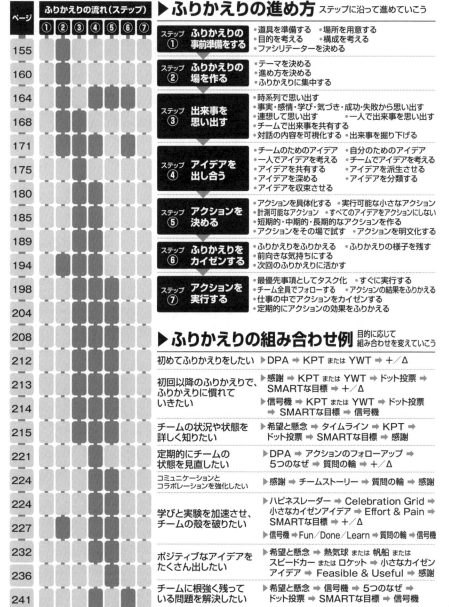

▶ふりかえりの進め方 ステップに沿って進めていこう

ステップ① ふりかえりの事前準備をする
・道具を準備する　・場所を用意する
・目的を考える　　・構成を考える
・ファシリテーターを決める

ステップ② ふりかえりの場を作る
・テーマを決める
・進め方を決める
・ふりかえりに集中する

ステップ③ 出来事を思い出す
・時系列で思い出す
・事実・感情・学び・気づき・成功・失敗から思い出す
・連想して思い出す　　・一人で出来事を思い出す
・チームで出来事を共有する
・対話の内容を可視化する　・出来事を掘り下げる

ステップ④ アイデアを出し合う
・チームのためのアイデア　・自分のためのアイデア
・一人でアイデアを考える　・チームでアイデアを考える
・アイデアを共有する　　　・アイデアを派生させる
・アイデアを深める　　　　・アイデアを分類する
・アイデアを収束させる

ステップ⑤ アクションを決める
・アクションを具体化する　・実行可能な小さなアクション
・計測可能なアクション　　・すべてのアイデアをアクションにしない
・短期的・中期的・長期的なアクションを作る
・アクションをその場で試す　・アクションを明文化する

ステップ⑥ ふりかえりをカイゼンする
・ふりかえりをふりかえる　・ふりかえりの様子を残す
・前向きな気持ちにする
・次回のふりかえりに活かす

ステップ⑦ アクションを実行する
・最優先事項としてタスク化　・すぐに実行する
・チーム全員でフォローする　・アクションの結果をふりかえる
・仕事の中でアクションをカイゼンする
・定期的にアクションの効果をふりかえる

▶ふりかえりの組み合わせ例 目的に応じて組み合わせを変えていこう

初めてふりかえりをしたい
▶DPA ➡ KPT または YWT ➡ ＋／Δ

初回以降のふりかえりで、ふりかえりに慣れていきたい
▶感謝 ➡ KPT または YWT ➡ ドット投票 ➡ SMARTな目標 ➡ ＋／Δ
▶信号機 ➡ KPT または YWT ➡ ドット投票 ➡ SMARTな目標 ➡ 信号機

チームの状況や状態を詳しく知りたい
▶希望と懸念 ➡ タイムライン ➡ KPT ➡ ドット投票 ➡ SMARTな目標 ➡ 感謝

定期的にチームの状態を見直したい
▶DPA ➡ アクションのフォローアップ ➡ 5つのなぜ ➡ 質問の輪 ➡ ＋／Δ

コミュニケーションとコラボレーションを強化したい
▶感謝 ➡ チームストーリー ➡ 質問の輪 ➡ 感謝

学びと実験を加速させ、チームの殻を破りたい
▶ハピネスレーダー ➡ Celebration Grid ➡ 小さなカイゼンアイデア ➡ Effort & Pain ➡ SMARTな目標 ➡ ＋／Δ
▶信号機 ➡ Fun／Done／Learn ➡ 質問の輪 ➡ 信号機

ポジティブなアイデアをたくさん出したい
▶希望と懸念 ➡ 熱気球 または 帆船 または スピードカー または ロケット ➡ 小さなカイゼンアイデア ➡ Feasible & Useful ➡ 感謝

チームに根強く残っている問題を解決したい
▶希望と懸念 ➡ 信号機 ➡ 5つのなぜ ➡ ドット投票 ➡ SMARTな目標 ➡ 信号機

装丁・本文デザイン　和田 奈加子
DTP　　　　　　　　山口 良二
イラストレーション　亀倉 秀人

アジャイルなチームをつくる ふりかえりガイドブック
始め方・ふりかえりの型・手法・マインドセット

2021年2月17日　初版　第1刷発行
2023年5月15日　初版　第3刷発行

著者　　　　森 一樹（もり かずき）
発行人　　　佐々木 幹夫
発行所　　　株式会社 翔泳社（https://www.shoeisha.co.jp/）
印刷・製本　株式会社 広済堂ネクスト

© 2021 Kazuki Mori

ISBN978-4-7981-6879-1　Printed in Japan

■本書内容に関するお問い合わせについて

本書に関するご質問、正誤表については下記のWeb サイトをご参照ください。
お電話によるお問い合わせについては、お受けしておりません。

正誤表　　　　● https://www.shoeisha.co.jp/book/errata/
刊行物Q&A　● https://www.shoeisha.co.jp/book/qa/

インターネットをご利用でない場合は、FAX または郵便にて、下記にお問い合わせください。
送付先住所 〒160-0006　東京都新宿区舟町5
(株)翔泳社 愛読者サービスセンター　FAX 番号:03-5362-3818

ご質問に際してのご注意

本書の対象を越えるもの、記述個所を特定されないもの、また読者固有の環境に起因するご質問等にはお答えできま
せんので、あらかじめご了承ください。

※本書の出版にあたっては正確な記述につとめましたが、著者や出版社などのいずれも、本書の内容に対してなんらか
の保証をするものではなく、内容に基づくいかなる結果に関してもいっさいの責任を負いません。